DE LA NÉCESSITÉ

DE

PROTÉGER LES ANIMAUX UTILES

(La première édition a été publiée par la Société protectrice des animaux, à Paris, dans son Bulletin mensuel 1861, nos 6 et 7.)

BIBLIOTHÈQUE DE LA FERME ET DES MAISONS DE CAMPAGNE.

DE LA NÉCESSITÉ

DE

PROTÉGER LES ANIMAUX UTILES

POUR PRÉVENIR NATURELLEMENT LES DÉGATS CAUSÉS PAR LES SOURIS ET PAR LES INSECTES.

Par C.-W.-L. GLOGER, de Berlin

Docteur en philosophie, membre ordinaire, honoraire ou correspondant de plusieurs Académies et Sociétés d'histoire naturelle, d'agriculture, etc., en Allemagne et à l'étranger.

TRADUCTION

Revue et augmentée par l'auteur.

SECONDE ÉDITION

BERLIN

ALLGEMEINE DEUTSCHE VERLAGS-ANSTALT

PARIS. — VICTOR MASSON ET FILS

Place de l'École de Médecine

1863

AVIS

Cette traduction est la seule avouée et autorisée par la France et la Belgique.

PRÉFACE.

Les membres des Sociétés protectrices des animaux liront avec intérêt cette édition française du laborieux travail de mon savant compatriote et ami, dont j'ai été heureux de les entretenir. Concourant au même but, ils en ont déjà compris toute l'utilité. Aussi ce n'est pas spécialement à eux que s'adresse cet avant-propos.

Il est principalement destiné à faire connaître au public, en dehors de ces Sociétés, les liens intimes qui rattachent le but moralisateur de ces Sociétés à l'étude de l'histoire naturelle, appliquée aux progrès de l'agriculture.

Beaucoup de personnes, même parmi celles qui sont dévouées à l'œuvre, pensent que cette protection doit se restreindre aux animaux domestiques. C'est une erreur ; car une grande quantité d'espèces vivant à l'état sauvage nous rendent des services immenses, hélas! trop souvent méconnus. L'homme s'est plu à les poursuivre, presqu'en raison des progrès de la civilisation. L'intelligence égarée a commencé et s'est acharnée à continuer une œuvre de destruction, là où elle eût dû recourir à la protection et à la multiplication.

Le petit ouvrage à la propagation duquel je suis heureux de pouvoir m'associer, est le fruit d'observations zoologiques patiemment recueillies pendant trois dizaines d'années. Par la lecture attentive de cet opuscule, l'*agriculteur*, le *jardi-*

nier et le *forestier* apprendront à *connaître* leurs *vrais amis*, qui protégent leurs récoltes, leurs bois et leur bien. Ils plaindront avec nous le préjugé engendré et nourri par des siècles d'erreur; et ils s'opposeront dorénavant, j'en suis sûr, à ces destructions insensées d'animaux utiles, destructions qui entraînent à leur suite la famine et la misère.

La diffusion d'un travail scientifique aussi utile ne peut être trop encouragée par les Gouvernements et par les Sociétés protectrices et agricoles. Dans un aperçu historique qui suivra, nous verrons ce qui s'est déjà fait ailleurs sur ce point.

En France, il n'existe pas encore de livre de ce genre, quoique les travaux de plusieurs savants, et surtout de notre zélé collègue, M. Florent-Prévost, en ait préparé la composition. Les membres des Sociétés protectrices n'ignorent pas que ce naturaliste distingué a préparé une fort grande collection d'estomacs d'oiseaux, afin de prouver par leur contenu le genre de nourriture prise par les différentes espèces. Son travail fournira des arguments précieux à une partie du présent ouvrage.

L'édition française que l'on va lire, a été tellement amplifiée par l'auteur qu'elle peut être considérée comme plus complète que la plus récente des éditions allemandes. M. le docteur Gloger s'est plu, en cela, à rendre hommage à la vivace activité témoignée dans la France pour toute cette question et pour les moyens à la résoudre.

Par une singulière coïncidence, l'attention du public en ce pays a été fixée de la manière la plus remarquable sur la protection spéciale des oiseaux, en même temps que paraissaient les premières éditions allemandes de cet ouvrage et d'un autre semblable, mais plus détaillé, publiés tous deux au commencement de l'année 1858.

Un prince de l'Église, dont le savoir égale l'éloquence, a compris que c'est une œuvre de charité que de faire connaître à ses diocésains, à sa patrie, les dégâts causés par la capture des petits oiseaux insectivores.

La portée des instructions pastorales du 4 septembre 1858-1859, de Son Eminence Monseigneur le cardinal Donnet, est d'autant plus grande que ses paroles sublimes ont été adressées à ces populations du midi de la France, où la chasse aux petits oiseaux est malheureusement le plus en vogue, à une population chez laquelle le désir du gain et l'habitude ont enraciné cette mauvaise passion.

Que Son Eminence me permette de lui dédier respectueusement cette édition française, au nom de l'auteur et au mien.

Paris, le 17 septembre 1861.

E. KAUFMANN,

Secrétaire de la Société protectrice des animaux, à Paris.

QUELQUES MOTS

SUR LES EFFORTS DE L'AUTEUR

POUR LA PROTECTION DES ANIMAUX UTILES.

Il semble qu'il n'y ait pas d'idée plus simple, tombant plus clairement sous le sens, et en même temps plus importante pour le bien public, que celle de protéger tous les animaux qui par leur instinct sont propres à sauvegarder les produits de l'agriculture, de l'horticulture et de l'économie forestière en poursuivant les autres animaux plus petits qui dévastent ces produits. Aussi cette question a-t-elle été soulevée à plusieurs reprises depuis quelques dizaines d'années. Mais pour qu'elle le fût enfin avec un succès réel, il fallait qu'un homme spécialement qualifié prît à tâche de la reprendre avec persévérance, avec ténacité, nous dirons presque s'y entêtât, afin de la résoudre complétement.

C'est donc à M. Gloger que revient l'honneur d'avoir, le premier en Allemagne, éveillé et dirigé l'attention publique sur la nécessité de conserver les animaux insectivores, question traitée récemment avec une si grande vivacité dans plusieurs contrées de l'Europe et surtout en France. Il fallait toute l'importance du sujet pour que l'exemple donné par M. Gloger fût imité si généralement et avec tant d'empressement pour le bien général par tant d'hommes sages et bien pensants.

Dès 1850, l'auteur avait résolu de prendre en main la question qui nous occupe, de l'étudier à fond, et d'en tirer tout le parti possible, d'abord par des articles de revues ou de journaux, puis par des brochures, du moment que l'attention publique serait suffisamment éveillée.

En 1851, au printemps, il commença à diriger ses efforts

dans des voies pratiques. A cet effet, il reprit sur une plus grande échelle les expériences et les essais faits en quelques pays, pour attirer et fixer quelques espèces d'oiseaux les plus utiles, qui ne nichent jamais ailleurs que dans les creux d'arbres, mais qui trop souvent ne le peuvent faire, faute de vieux *troncs* pour s'établir. Ces essais s'étaient jusques alors restreints exclusivement aux étourneaux, sauf que quelques autres espèces en avaient profité, en se logeant dans les caisses suspendues pour les étourneaux. Mais l'auteur, qui avait à sa disposition le Jardin zoologique et quelques autres jardins de Berlin ou des environs, réussit bien vite à y fixer des mésanges, gobe-mouches, rouges-queues de bois, etc., en construisant d'autres caisses ou des nœuds d'arbre creusés, spécialement adaptés à la taille, aux besoins et aux mœurs de ces petits oiseaux. A la fin de l'hiver 1852-1853, il recommanda ces appareils au public, par l'organe des gazettes de Berlin, des journaux agricoles et forestiers, et du *Journal d'ornithologie* du docteur Cabanis, en y donnant leur description. L'usage s'en répandit ainsi dans tous les pays allemands et en dehors, tandis que les expériences variaient en se multipliant, et se perfectionnaient par les essais continués de l'auteur.

Dans l'été 1854, la Société Mecklembourgeoise d'agriculture et d'industrie organisa une grande exposition à Gustrow. Le comité des engins agricoles pria M. Gloger d'envoyer les modèles de ses appareils pour faire nicher les *couveurs-en-creux;* et une médaille d'argent lui fut décernée, comme prix d'honneur, dans la section d'agriculture.

De même, en 1855, nous avons vu, à la grande exposition de Paris, une vingtaine de ces appareils, et nous les pouvons voir encore chaque jour dans la Collection de zoologie appliquée de notre *Société d'acclimatation*, où ils ont été déposés comme don de l'auteur, par le commissaire prussien pour l'exposition. S'ils n'ont reçu à cette occasion ni prix, ni même une mention honorable, on peut en faire un blâme au jury ; et c'est ce que M. Guérin de Méneville a relevé fortement dans sa *Revue zoologique*. Voici le sens de son jugement : « Les membres du jury n'ont pas su, ici comme en bien d'autres choses, apprécier l'importance de l'objet ou des questions qui s'y rattachent, non plus que la valeur des moyens proposés. » On comprend que le sentiment d'une telle autorité, et plus récemment, l'empressement du public à accueillir les opuscules de M. Gloger, ont bien pu le consoler de la négligence du jury de 1855.

En Prusse, le plus haut conseil technique d'agriculture, le *Collége d'Économie rurale* (*Landes Œconomie Collegium*), donna, en 1857, l'exemple d'une noble initiative.

Il témoigna le désir de voir publier, sous une forme très-concise, un traité populaire sur la matière ; l'ouvrage ne devait pas dépasser deux feuilles ou deux feuilles et demie in-8°. Le Collége, connaissant la compétence et l'autorité toutes spéciales du docteur Gloger, s'adressa précisément à lui. Celui-ci, pour répondre à une invitation aussi honorable, et pour mettre en œuvre tous les matériaux dont il pouvait disposer sans dépasser les limites assignées par le programme du Collége, commença par composer un ouvrage trois fois plus étendu que le travail actuel : « *Les Amis les plus utiles de l'agriculture et de l'économie forestière parmi les animaux.* » Puis il en fit aussitôt un extrait succinct, qu'il présenta au Collége d'Économie rurale sous le titre de *Petite Exhortation à protéger les animaux utiles*. C'est l'opuscule dont nous donnons ici la traduction sous le titre *De la nécessité de protéger les animaux utiles* (1).

Il est destiné surtout à la jeunesse des écoles, et à la plus

(1) Ces deux publications ne sont que les premières d'une série de travaux destinés surtout à indiquer des applications pratiques. — L'un d'eux traitera des moyens propres à *attirer* et à *fixer* les *animaux utiles*, en général. Un autre traité apprendra *à distinguer* les *espèces utiles d'oiseaux rapaces diurnes*, de ceux qui sont nuisibles pour les petits oiseaux et pour le menu gibier. Toute la série se terminera par des projets motivés pour des *lois de protection*.

grande partie de la classe si nombreuse des gens de la campagne. Le premier travail, beaucoup plus détaillé, est rédigé à l'usage des maîtres d'école ; il leur servira de commentaire, en leur offrant des matériaux propres à mieux éclairer leurs élèves sur les notions plus succinctes qu'ils trouvent dans la *Petite Exhortation*. Du reste, cet ouvrage conviendra également à tous les agriculteurs et forestiers plus instruits.

La première édition de l'*Exhortation*, tirée seulement à douze cents exemplaires, fut réservée à la disposition du Collége d'Économie rurale, qui les communiqua aux sociétés agricoles de Prusse, qui sont au nombre de plus de quatre cents.

Immédiatement après la publication d'une seconde édition, qui fut mise dans le commerce, le *ministère des Finances*, qui, en Prusse, est préposé à l'exploitation des forêts et domaines de l'État, fit distribuer deux mille quatre cents exemplaires aux forestiers subalternes et à leurs adjoints. En même temps il envoyait près de quatre cents exemplaires de l'ouvrage intitulé : *Les plus utiles amis de l'agriculture*, à tous les forestiers supérieurs et maîtres des forêts royales. Le *ministère de l'Intérieur* se hâta d'imiter cet exemple, en faisant remettre six cents exemplaires aux préfets, aux sous-préfets, maires, directeurs de police, etc. De plus, ces deux ministères, et celui de l'*Instruction publique*, invitèrent toutes les autorités locales et provinciales de leur ressort à recommander les deux opuscules au public, dans les feuilles gouvernementales et locales. Enfin, en 1859, le *ministère de l'Agriculture* désira une édition à part (la cinquième) de la *Petite Exhortation*, au nombre de vingt-cinq mille exemplaires, pour en distribuer cinq cents aux gardes ou agents forestiers des communes, qui ressortissent de sa direction, et non de celle des finances. L'autre partie fut adressée au ministre de l'Instruction publique, afin de les faire parvenir aux maîtres d'école de village, dont le nombre s'élève à plus de vingt-quatre mille.

Dès 1858, l'auteur reçut de Son Altesse Royale le prince Adalbert de Bavière la médaille de la Société protectrice de Munich, celle de la Société protectrice de Paris, et un prix extraordinaire d'honneur, en or, de la Société économique de Saxe, à Dresde.

Les opuscules dont il s'agit, ont déjà été traduits en six langues, et la traduction française est la septième. En désignant la brochure que nous publions aujourd'hui par le n° 1, et *Les plus utiles amis* par le n° 2, il existe : une traduction *czéchique* du n° 1, pour la Bohême et la Moravie, arrangée par la Société impériale économique de la Bohême ; deux en *polonais*, du n° 1, l'une faite à Posen, l'autre à Varsovie ; deux en *russe*, l'une du n° 1, commandée par le Ministère impérial des Domaines de l'empire, à Saint-Pétersbourg ; l'autre, du n° 2, publiée, en 1859, par la Société impériale d'agriculture de Moscou ; une en *suédois* du n° 2, reçue dans la *Bibliothek foer Landtmaen*, par l'Académie d'agriculture de Stockholm ; une en *danois*, du n° 1 ; deux en *hollandais*, des n°s 1 et 2. Une traduction *française*, du n° 2, paraîtra très-prochainement à Bruxelles, dans la *Bibliothèque rurale*, publiée sous les auspices du gouvernement belge. (Elle sera aussi mise en vente à Paris.) Une édition *norwégienne* du n° 1 est annoncée. Ce sera la huitième langue étrangère dans laquelle les originaux allemands seront reproduits.

Une approbation si générale est sans doute bien propre à démontrer la nécessité de remédier à la poursuite des animaux utiles. Mais elle montre aussi toute la part qu'y a prise notre auteur, et ses droits à notre reconnaissance, — quels que soient les travaux déjà entrepris et publiés ou en voie de publication dans notre pays, dont l'activité vivace garantit au docteur Gloger une prompte divulgation et d'actifs coopérateurs pour toutes ses idées et pour ses savantes recherches.

DE LA NÉCESSITÉ

DE

PROTÉGER LES ANIMAUX UTILES

POUR PRÉVENIR NATURELLEMENT LES DÉGATS

CAUSÉS PAR LES SOURIS ET PAR LES INSECTES

INTRODUCTION

Dans *les dispositions premières de la nature*, considérées dans leur ensemble et telles qu'elles ont été conçues par le Créateur, *tout* doit ou devait *concourir à un but.* Chaque chose avait sa destination spéciale, calculée pour le bien de l'ensemble. Il n'y avait donc rien de superflu ; moins encore y avait-il rien de nuisible en soi. Au contraire, chaque être avait à remplir une fonction bien déterminée, et tous servaient à maintenir l'*équilibre* et à conserver l'harmonie générale.

Nous en trouvons la preuve dans les pays encore peu habités, et qui, par cela même, sont peu ou point cultivés, de sorte que l'ordre primitif y subsiste encore, peu différent de ce qu'il était au commencement des choses. Là, rien ne vient troubler les relations bien réglées entre le règne animal et le règne végétal ; ou le trouble n'y est que temporaire. Car aussitôt qu'il vient à se produire, tout se rétablit de soi-même, d'une manière prompte et facile. C'est que la nature a pris les précautions les mieux entendues pour remédier à tout désordre. Ainsi, dans les contrées où personne ne pense à écheniller les arbres, — soit parce qu'elles ne sont pas habitées par l'homme, soit parce que la population y est peu nombreuse, — jamais on ne voit d'arbres dont les chenilles aient dévoré les feuilles, et encore moins de forêts entières qu'elles soient parvenues à dévaster. Pourquoi ? Parce que les oiseaux insectivores et les autres animaux vivant de chenilles s'y trouvent presque toujours en nombre suffisant pour arrêter leurs ravages. Ils ne leur permettent jamais de se multiplier au point d'être, pour le règne végétal, la cause de dégâts semblables à ceux qui ont lieu chez nous. Ils détruisent de même les scarabées, limaces, vers, souris et autres petits mangeurs de plantes ; et quant à ceux de plus grande taille, les grands animaux rapaces leur font la chasse et les empêchent de se multiplier outre mesure.

Il en est encore ainsi dans les parties occidentales des États-Unis de l'Amérique septentrionale, où les habitants, peu nombreux, sont répandus sur une vaste surface. Au contraire, dans les parties orientales, où la population est partout beaucoup plus dense et où, comme chez nous, à peu près, on détruit beaucoup d'oiseaux insectivores et d'autres créatures utiles, là aussi, comme chez nous, les dégâts occasionnés par les insectes nuisibles ont commencé à se manifester. De même ils y deviennent plus fréquents et plus graves, à mesure que la persécution contre les êtres utiles s'étend et devient plus active.

Si donc là, comme chez nous, les petits mangeurs de plantes, de toutes les classes d'animaux, exercent souvent de grands ravages, la faute en est à l'homme, et non à la nature. C'est nous qui, par inconséquence, ignorance ou méchanceté, occasionnons tout le mal, quand nous dérangeons la sage ordonnance de la nature et son admirable économie. Elle ne peut vouloir aucune destruction, puisqu'elle contrarierait ainsi ses propres efforts. Si, néanmoins, ces dévastations se produisent à notre préjudice, n'en accusons que nous-mêmes : nous subissons la juste punition de notre folie. Rendons grâces à la nature, qui a pourvu à ce que cette punition fût modérée plutôt que proportionnée à nos fautes.

Voilà ce qu'avant tout autre homme reconnaît le naturaliste, parce que ses études lui font saisir l'ensemble de ces institutions et voir la liaison intime des grandes lois qui président à l'ordre universel. Il lui est facile de se convaincre qu'un grand nombre des moyens réparateurs, employés par la nature, tendent évidemment à prévenir et à atténuer, autant que possible, les tristes conséquences des vues bornées de l'homme, bien plus qu'à remédier seulement aux fâcheux effets de quelques influences atmosphériques qui, de temps en temps, favorisent la multiplication de telles ou telles espèces d'insectes, de vers, etc. On s'étonne à bon droit, quand on considère avec quelle sollicitude la nature veille à rétablir l'équilibre troublé. Si elle n'eût pas prévu les résultats de l'imprudence et de la perversité de l'homme, les précautions qu'elle a prises eussent été en moins grand nombre.

Il faut donc, avant tout et surtout, *épargner les animaux utiles*, comme la nature et la raison le prescrivent, et, quand il se peut, les protéger ou les entretenir, et assurer leur multiplication. Alors ils ne tarderont pas à triompher des animaux dévastateurs, avec bien plus d'effet et de certitude que ne le pourrait l'homme, avec toute sa sagesse et toutes ses forces, quand même il se déciderait à une chose aussi répugnante que de faire une chasse perpétuelle à toute sorte d'animaux nuisibles.

I. — MAMMIFÈRES.

Contrairement à la plupart des oiseaux, les mammifères, — excepté peut-être les chauves-souris, — ne quittent guère le lieu où ils sont nés ou établis. Grâce à ces habitudes sédentaires, leurs espèces utiles, quand on ne les poursuit pas, se reproduisent en peu de temps, et même dans un espace de peu d'étendue. Quiconque voudra donc les épargner sur sa propriété, et, mieux encore, s'entendre avec quelques-uns de ses voisins, sera assuré de les avoir à demeure.

Les **Chauves-Souris** se nourrissent exclusivement d'insectes, et précisément de ceux qui, ne volant qu'au crépuscule ou pendant la nuit, restent bien cachés et immobiles pendant le jour, et échappent ainsi à la poursuite de la plupart des oiseaux insectivores. Voilà pourquoi, malgré tous les efforts de ces derniers, l'activité des chauves-souris ne laisse pas d'être indispensable. On en a eu la preuve au commencement de ce siècle, aux environs de Hanau, dans la Hesse électorale. On y avait abattu, en plein hiver, quelques milliers de vieux chênes. Dans les cavités de leurs troncs et de leurs grosses branches, une multitude de chauves-souris s'étaient établies pour y passer l'hiver. Mais, quand on scia et qu'on fendit les arbres, elles périrent, en partie de froid, en partie tuées par les bûcherons. Il en résulta un accroissement rapide de ces fameuses chenilles processionnaires, dont le corps est couvert de poils ou soies longues, cassantes, et garnies de crochets extrêmement fins. Ces poils, qui se détachent très-facilement et se brisent en même temps, causent ainsi, aux hommes et aux animaux, des accidents fort graves. Souvent le péril devient sérieux au point que la police se trouve obligée d'interdire l'accès des forêts où il y a de grandes quantités de ces chenilles. Jusque-là les chauves-souris n'avaient pas manqué d'atteindre la plupart des papillons de cette espèce ; mais dès lors ceux-ci se propagèrent si rapidement et se répandirent en peu de temps dans une si vaste étendue, que leurs chenilles dévastèrent, pendant quelques années, d'abord tous les chênes, et ensuite beaucoup d'autres arbres, sur un espace de plusieurs milles.

Pour apprécier convenablement l'importance et le mérite des animaux insectivores, il faut se rendre compte de leur voracité.

Une chauve-souris, par exemple, même quand elle n'appartient pas aux plus grandes de nos espèces (1), mange une douzaine de hannetons de suite, sans être rassasiée. Car, de même que la plupart des autres petits mangeurs d'insectes, elle n'en consomme que les parties molles ; elle rejette les ailes sans suc, les élytres, les jambes, etc. De plus, des matières qu'elle dévore ou avale effectivement, plusieurs ne sont aucunement nutritives. Autrement il serait difficile de s'expliquer cette excessive gloutonnerie, particulière non-seulement aux chauves-souris, mais à presque tous les petits animaux qui vivent d'insectes. C'est uniquement à cause de ces habitudes, et grâce à la nature de leurs aliments, qu'ils peuvent nous rendre de si grands services.

Les **Musaraignes**, quand on les tient en captivité, dans un but d'expérimentation, ont besoin de manger chaque jour une quantité d'insectes, de larves et de vers équivalente à deux fois le poids de leur corps. Si on leur en donne une quantité moindre, elles ne tardent pas à mourir de faim. Et pourtant, dans le repos forcé qui résulte de leur captivité, leur appétit est moindre

(1) Il y en a en tout une vingtaine en Allemagne, et plus encore en France et en Italie.

que dans l'état de liberté, où la recherche de la nourriture exige beaucoup d'activité. Qu'on évalue donc la masse d'insectes et de vers que consomme, dans le cours de l'année, un si petit animal, puisqu'il ne vit point d'autre chose. Si l'on fait abstraction du volume de cette masse, le compte du poids en est très-simple. Il fera plus de sept cents fois celui de l'animal même.

Mais, hélas! en récoltant le foin, les céréales et les fruits de la terre, on assomme toujours une foule de musaraignes, dans les prairies, dans les champs de trèfle et de blé, soit qu'on les prenne pour des souris, soit qu'on les croie nuisibles comme celles-ci. Malheureusement, comme elles sont beaucoup moins vives que les souris, on les tue très-aisément. Cependant il n'est pas difficile de les en distinguer. Elles ont la tête longue, pointue et terminée par un museau grêle, presque comme une trompe. Par là, elles ressemblent bien plus à de petites taupes, sauf qu'elles ont la queue longue. Les yeux, au contraire, sont à peu près aussi invisibles que ceux de la taupe; les oreilles sont très-petites; et il y a même des espèces dont la couleur est noirâtre, comme celle de la taupe. Chez les souris le contraire a lieu. Les espèces aux oreilles courtes et aux yeux relativement petits ont toujours la queue courte. Dans les espèces à longue queue, les oreilles et les yeux sont si grands qu'on peut les voir distinctement d'assez loin.

Mais de toutes les fautes qu'un agriculteur ou un jardinier puisse commettre, la plus grande est la chasse aux **Taupes.** Cependant, cette méprise a heureusement cessé d'être aussi générale qu'autrefois; car il y a, çà et là, des personnes, surtout parmi les jardiniers, qui en reviennent de plus en plus.

En effet, par des expériences faites sur des taupes tenues en captivité, il a été constaté qu'il leur faut chaque jour une quantité de larves de hannetons, de vers de terre, etc., égale à trois fois ou même quatre fois le volume ou le poids de leur corps. C'est donc une voracité qui surpasse encore celle des musaraignes. La chose s'explique par la nature particulière des larves et des vers qui vivent sous terre, et par la manière dont ils se nourrissent. Non-seulement ils se gorgent toujours d'aliments végétaux, qui sont impropres aux animaux insectivores ou vermivores; mais ils ne peuvent éviter d'avaler en outre une grande masse de terre. Aussi, avant de manger ces larves et vers, la taupe fait-elle sortir, par pression, ces matières inutiles à sa nutrition. Il en résulte que la quantité se réduit ainsi de moitié. Cette moitié même contient encore plus de substances molles et à demi aqueuses que de parties compactes et réellement nutritives. Si l'on réfléchit sur ces deux particularités, on s'aperçoit que la taupe n'a pas tout à fait la gloutonnerie monstrueuse qu'on est tenté de lui supposer, à ne considérer que la quantité d'aliments qu'elle engloutit.

Maintenant, tâchons de calculer approximativement ce qu'une taupe consomme. Supposons qu'on puisse en peser ou mesurer la masse entière, il faudra, bien sûrement, l'évaluer à quelques boisseaux par an. Il est aussi certain que, pendant le même temps, chaque boisseau de ces larves aurait consommé pour le moins douze boisseaux de racines de végétaux. Mais les matières réellement absorbées par elles ne sont que la partie relativement la plus insignifiante de leurs dégâts. Car trois ou quatre fois plus considérable est la quantité de plantes qu'elles font périr par leur manière de se nourrir, qui est la plus ruineuse possible. Celle des chenilles, qui vivent au-dessus du sol, est, proportionnellement, beaucoup moins désastreuse; car ces dernières se bornent à détruire ce qu'elles consomment réellement. Ainsi, sur les arbres, elles ne mangent jamais que le feuillage ordinaire ou les feuilles aciculaires, sans en détacher aucune pièce qu'elles ne dévorent pas; et jamais elles ne coupent des rameaux entiers, en les rongeant de part en part. Au contraire les destructeurs souterrains, dont il s'agit ici, coupent par le milieu une quantité de racines, sans en dévorer les bouts. Ils font donc périr la plus grande partie de tout ce qu'ils ont séparé de la souche. Lés larves de hannetons, ou « vers blancs », sont les plus funestes de toutes. Après avoir grandi, pendant la troisième année de leur existence, sous cette forme et avant de se métamorphoser en hannetons, ces larves parviennent à traverser et à détacher les pivots des jeunes arbres, en les rongeant tout autour, même ceux de la grosseur du doigt ou du pouce. Elles ruinent souvent ainsi les pépinières d'arbres fruitiers dans les jardins, et de grands semis de bois ou des plantations dans les forêts.

Comment s'en étonner, quand on sait combien le nombre de ces larves peut devenir excessif, là où l'on continue toujours à poursuivre les taupes, et surtout si les freux (appelés aussi frayonnes et corneilles moissonneuses) manquent, ou si on les poursuit également. En voici un exemple : Au printemps de l'année 1856, dans les jardins royaux de Potsdam, on a dû retourner une pièce de gazon de six arpents, parce que les larves de hannetons l'avaient entièrement détruite. Toutefois, et comme de raison, on les recueillit, en bêchant le sol; et la masse rassemblée ne remplit pas moins de vingt-quatre boisseaux de Prusse. C'était donc cinq fois plus que la mesure de blé qu'on sème dans six arpents de la meilleure terre.

Pendant leur jeune âge, et en été, ces larves se tiennent vers le haut des racines, où elles mangent ; là le freux, et souvent aussi le sansonnet (étourneau), les guettent assidûment. Mais plus tard ces oiseaux ne le peuvent plus faire, surtout en hiver, où ils doivent émigrer. Alors les larves de hannetons et autres s'enfoncent plus profondément dans la terre; et les limaces, les « chenilles spondyles » ou « de racines », etc., se cachent de même dans le sol. Dans cette saison, c'est la taupe seule qui peut les atteindre, les uns et les autres (1).

En se livrant à cette chasse, surtout dans les endroits où elle veut faire prolonger son séjour, elle est obligée de soulever, çà et là, des amas de la terre qu'elle a fouillée pour se construire une habitation, composée de plusieurs chambres et galeries. Ces chambres, bien revêtues de mousse et de brins fins secs, sont entourées de deux galeries, d'où partent les conduits souterrains de l'animal, de même que les grands chemins partent d'une grande ville, comme d'un centre, pour rayonner au loin dans toutes les directions. Mais ce n'est que sur les lieux où elle trouve beaucoup de nourriture, que la taupe se résout à demeurer et à s'établir ainsi. Si donc elle élève une taupinière, vous pouvez être assurés, vu sa gloutonnerie excessive, qu'elle a déjà détruit ou qu'elle détruira bientôt une quantité de

(1) Les *limaces* à corps entièrement nu, en se multipliant, peuvent souvent devenir très-pernicieuses dans les jardins et aux jeunes semences de blé en automne. Les *limaçons*, au contraire, qui sont couverts d'une coquille, se propagent beaucoup moins. Par suite, ils ne font jamais un dommage de quelque importance, quoiqu'il en existe un plus grand nombre d'espèces que des espèces nues. Par une sage disposition de la nature, il y a quelques mammifères et beaucoup d'oiseaux qui détruisent les limaces, mais peu qui puissent ou qui veuillent manger des limaçons.

larves et de vers au moins égale en volume à cet amas de terre. Et, en vérité, ce ne serait que lui rendre justice, si on s'accoutumait à considérer chaque taupinière comme étant le tombeau d'une semblable quantité de vermine souterraine. Mais au lieu d'épandre les taupinières à propos, suivant le temps, on tue la taupe elle-même, pour prix de ses bienfaits ! Y a-t-il une ingratitude plus grossière et à la fois plus insensée ? On se rend par là coupable d'une double faute ; car la taupe, même en élevant ces monceaux, nous rend beaucoup plus de services qu'elle ne nous fait de mal. En effet, avant de soulever cette terre, elle l'a réduite en miettes très-fines. En vertu de cette légèreté et de cette friabilité, les taupinières, pour le cultivateur soigneux, sont, plus que toute autre chose, des amas de matériaux excellents pour recouvrir les racines supérieures du gazon et de l'herbage, si souvent mises à nu par les pluies battantes ou par la gelée. Rien ne peut mieux servir à faciliter cette amélioration si avantageuse aux prés et aux pâturages. Et parce qu'un grand nombre d'agriculteurs, nonchalants et bornés d'esprit, n'en font pas usage, ce n'est nullement la taupe qu'il faut en accuser. Plus entendus, les agriculteurs anglais estiment la taupe, non-seulement comme insectivore, mais précisément aussi parce qu'elle produit ces amas de terre, finement broyée, qu'on peut utiliser si commodément pour ce qui s'appelle chez eux *l'apprêt supérieur* ou *revêtement de la surface du sol*.

On fait encore à la taupe d'autres reproches, qui ne sont pas mieux fondés, ou qui sont purement imaginaires.

Ainsi quelques personnes prétendent qu'elle mange aussi les racines des plantes ! Mais, d'après la conformation de ses dents et l'organisation de son estomac, il est évident qu'elle ne peut pas plus se nourrir de végétaux, que l'homme ne pourrait vivre de paille, de bois ou d'écorces d'arbres. Ceux qui la jugent ainsi, la confondent avec un animal tout autre, qui en effet est très-nuisible et qui, par sa taille et sa couleur, a quelque ressemblance avec la taupe. C'est le rat d'eau noir, qui, au reste, malgré son nom, fait très-souvent sa demeure bien loin de toute eau. Lui aussi se construit toujours des tanières et des conduits souterrains, semblables à ceux de la taupe ; mais il les fait pour atteindre des racines de plantes, dont il se nourrit de préférence ; tandis que la taupe se crée des chemins souterrains, pour y chercher les vers et les larves d'insectes.

Par suite de l'activité qu'elle déploie pour les attraper, elle peut bien attaquer ou soulever un peu les tendres racines des plantes, racines souvent rongées et en partie coupées déjà par les larves. Eh bien! cela est vrai. Toutefois, comme elle délivre en même temps les plantes de ces destructeurs, elle ne cause pas à leurs racines plus de dommage qu'un homme qui sarcle les mauvaises herbes. Dans ces deux cas le mal, s'il y en a, ne tarde pas à se réparer tout seul, et il ne reste que le bon résultat. Aussi bien personne ne s'est encore avisé de s'abstenir de sarcler, ou de déconseiller à autrui de le faire, sous prétexte que cette opération était nuisible. Pourquoi donc blâmer la taupe de ce qu'elle se trouve faire une chose que l'homme, qui aime tant à se croire fort sage, ne peut lui-même éviter ?

On accuse encore la taupe de donner lieu, par ses fouilles, à la rupture des digues, et d'occasionner ainsi des inondations ou de les faciliter et d'en augmenter les ravages.

Mais c'est en partie aux rats d'eau noirs, en partie aux bruns ou surmulots, qu'il faut en rapporter la cause ; et même toutes les souris de moindres espèces viennent aussi y contribuer plus ou moins. Tous ces animaux aiment à pratiquer leurs tanières principalement dans les digues, ou en d'autres lieux élevés, pour les garantir de l'humidité dont elles seraient envahies ailleurs. Le rat d'eau et le surmulot surtout cherchent le voisinage immédiat de l'eau, et le préfèrent à tout autre endroit pour y faire séjour. Au surplus celui-ci, de même que les souris, laisse toujours les entrées de sa demeure ouvertes. Elles offrent ainsi un libre passage à l'eau, dans les crues extraordinaires, sans lui opposer aucun obstacle. Quant à la taupe, il est bien évident que rien ne l'invite à se loger ou à travailler de préférence dans les digues; surtout dans celles qui, faites par l'homme, sont affermies le plus souvent par la base. Son travail y serait plus difficile et en même temps moins fructueux, parce qu'elle y trouverait moins de vers et de larves qu'à proximité des digues, et plus loin, dans les endroits où le terrain est plus plat et moins ferme. En outre, elle craint encore, comme on le sait, toute introduction de l'air dans ses conduits et dans ses chambres. C'est pourquoi elle ne manque pas, tant qu'elle y séjourne, de les tenir fermés avec grand soin, et de les reboucher aussitôt, si quelque accident est venu les lui ouvrir.

Elle est enfin un des adversaires décidés de toutes les *souris* et des jeunes *rats*. Ainsi dévore-t-elle, sans plus de façon, tous ceux qu'elle peut attraper, soit qu'ils viennent se réfugier accidentellement dans ses conduits, soit qu'elle rencontre, en fouillant, leurs creux et leurs nids. Du reste, cette hostilité est en rapport avec la conformation de sa denture. En effet, ses dents canines ou de coin ont tout à fait la construction nécessaire pour tuer, tout aussi bien que celles des belettes. C'est pour cela qu'elle aime autant à se sustenter de souris vivantes que de larves de hannetons, de vers de terre et de limaces, quand on cherche à la conserver en captivité. Alors elle ne mange les souris mortes qu'à défaut de vivantes.

Par ses conduits, et tout particulièrement par ses belles et spacieuses habitations, elle sert en outre d'architecte naturel à quelques *autres animaux très-utiles.*

Citons en première ligne les *musaraignes*, qu'on pourrait appeler ses petits cousins ; les *fourmis*, qui ne cessent de détruire une foule de pucerons et de jeunes chenilles. Les *bourdons terrestres*, destinés principalement à féconder les fleurs du trèfle rouge et de nos légumineuses, ne trouvent, en bien des contrées, aucune occasion de se loger avec plus de sûreté que dans les habitations de la taupe. Ils ne trouveraient surtout nulle part la même commodité. Il en est souvent de même pour les *belettes*, ces infatigables persécutrices des souris ; car les belettes et les bourdons terrestres seraient incapables de se creuser de pareils souterrains, bien qu'ils en aient besoin. C'est pour cela que la nature a destiné la taupe à prendre soin de ces autres animaux et à travailler pour eux (1). Ajoutons enfin le *putois*, cet autre ennemi capital de toutes les espèces de souris et de rats, acharné à les poursuivre sous terre. Lui aussi choisit assez souvent pour demeure les constructions des taupes, en les élargissant à son aise.

Rien n'est plus ridicule que le prétexte, allégué par les per-

(1) Du reste, ce bon office est semblable à celui que rendent les pics, en faisant avec art dans le bois pourri des vieux arbres, des cavités pour eux-mêmes, mais qui restent ensuite à l'usage d'environ vingt espèces d'oiseaux d'autres genres insectivores. Tant la nature sait trouver de ressources pour chaque besoin !

sécuteurs des taupes, quand ils disent qu'on n'en prend qu'une partie, dans l'intention d'empêcher leur multiplication excessive ! Comme s'il était possible qu'il y en eût jamais trop !

C'est absolument comme si quelqu'un s'avisait d'appréhender qu'elles ne vinssent trop promptement et trop radicalement à bout de la vermine dans sa propriété, et qu'elles ne lui en laissassent trop peu ou même point. Cependant même cette crainte, extrêmement singulière, serait sans aucun fondement. Il est certain qu'elles laissent toujours, derrière elles, une partie de ces êtres nuisibles, attendu qu'elles ne tardent pas à s'en aller aussitôt que le nombre en est tellement réduit qu'il ne suffit plus à leur gloutonnerie sans pareille. C'est donc toujours trop tôt qu'elles s'en vont, mais jamais trop tard. Elles s'en gardent bien, et vraiment elles ont raison.

En effet, les essais auxquels on les a soumises nous ont appris que la taupe meurt de faim dans les douze heures, dès qu'on la prive de nourriture, même quand jusque-là elle était très-bien nourrie, et qu'elle venait de manger pour dernier repas un amas de vers de terre aussi grand qu'elle-même. Il y a donc un moyen sûr, facile et au surplus très-commode pour se débarrasser de la vermine souterraine, et pour faire disparaître assez tôt les taupes aussi. C'est tout simplement de ne prendre nul souci ni de l'une, ni des autres, mais de permettre aux taupes de venir et de partir à leur gré, sans les troubler. Le seul soin nécessaire est d'épandre de bonne heure les taupinières. Tout le reste s'accomplira de soi-même.

Poursuivre les *taupes*, c'est donc protéger et *propager* la *vermine*. Si ce n'est pas le but, c'est du moins le résultat de cette persécution (1).

Voyons maintenant le **Hérisson.** C'est pour lui qu'on peut véritablement « toucher du doigt » la sage prévoyance de la nature à son égard.

(1) Au reste, on peut bien les détourner des couches ensemencées par des matières qui sentent fort et mauvais, et que l'on y enterre, ou que l'on verse autour. Ce sont, par exemple, de petits poissons et des écrevisses mortes, des têtes de hareng, la saumure de hareng, des chiffons de drap goudronnés, des raclures de vieux fromages, l'eau dans laquelle ils ont été lavés, le jus de choucroûte pourrie, cette choucroûte même, l'urine corrompue des étables, etc. L'efficacité de ces substances tient à l'odorat extrêmement fin, délicat et sensible de ces animaux, qui ne supportent rien de puant.

A cause de son utilité, aussi grande que multiple, elle l'a doté d'un habit de piquants, et de la faculté singulière de se blottir en forme de boule, inattaquable de toutes parts. Elle a su le garantir ainsi des assauts de presque tous les animaux rapaces, et compenser de cette manière l'absence d'autres armes. On est donc d'autant plus blâmable de le troubler si souvent, précisément à cause de ces particularités, de le tourmenter et de le priver de la liberté, pour le laisser enfin périr. Agir ainsi, c'est se nuire à soi-même. Car il poursuit, entre autres, les *souris* et les saisit à l'improviste, avec une adresse et une subtilité dont on le croirait incapable. C'est toutefois des *insectes*, de leurs *larves*, des vers, des *limaces* et même des moindres espèces ou jeunes individus de *limaçons* qu'il tire le plus souvent sa nourriture. La *vermine souterraine*, quand elle vit à une profondeur peu considérable, n'est pas à l'abri de ses atteintes. Pourvu d'un odorat fort susceptible, il a peu de peine à la tirer de terre en grattant. Mais sa propriété la plus remarquable, c'est d'être à l'épreuve du poison, et de n'en ressentir aucun fâcheux effet. Il dévore impunément et même avec plaisir les insectes les plus venimeux. (En captivité, par exemple, il mange de suite deux à trois dizaines de cantharides ; et c'est sans doute ce qu'il fait en liberté, quand leurs femelles descendent à terre pour y pondre, comme celles des hannetons). Cependant le fait capital, qui se rattache à cette propriété singulière, ou plutôt qui en résulte, c'est qu'il est, de tous nos animaux, et plus encore que le putois parmi les mammifères proprement carnivores, l'ennemi le plus acharné des *vipères*, unique genre de serpents venimeux chez nous, et quelquefois très-dangereux pour tous les animaux à sang chaud et pour les hommes. Quant au hérisson, c'est l'ennemi le plus redoutable pour les vipères ; mais elles sont si peu dangereuses pour lui que les morsures les plus enragées, appliquées à son museau ou même à sa langue, lui sont plus indifférentes que ne le seraient à tout autre animal, et à l'homme, autant de piqûres d'épingle.

Chez les **Belettes, —** il y en a deux espèces, la *petite* ou commune, et l'*hermine*, — ces sortes de blessures ne causent qu'une légère enflure des parties mordues. Aussi, à l'occasion, elles n'évitent pas le combat et n'en arrivent pas moins à tuer les vipères.

Mais la chasse aux *souris*, et même aux *rats*, surtout aux jeunes, est toujours leur tâche constante et leur plus importante affaire. Toute leur structure, leur naturel et même leur petitesse sont accommodés à cette fin. Aucun autre animal n'a le corps aussi propre à suivre ces rongeurs avec facilité jusque dans leurs retraites les plus étroites et les plus cachées, afin de rechercher leurs nids et d'en tuer des bandes entières, comme le font les belettes. Il faut pour cela leur taille extraordinairement déliée, et leurs jambes si courtes, qui ne se rencontrent que dans ce singulier genre de mammifères carnivores, le plus petit de tous. C'était bien là la seule structure qui pût les mettre à même de forcer le passage d'une ouverture quelconque, et de s'en arracher toujours, même quand il leur est à peine possible de faire passer la tête, qui est également très-petite. Autrement, il ne leur aurait pas été permis de continuer cette chasse aux époques et dans les lieux où les souris sont hors de portée pour tout autre animal rapace, surtout pour les oiseaux de proie. Et tel est le cas dans les buissons les plus épais, bien avant dans les haies d'épines, et le plus souvent en hiver sous la neige. Mentionnons encore la soif extrême de sang et l'avidité meurtrière, propres aux belettes au dernier degré. Ces passions les excitent à faire, parmi les souris, des ravages incomparablement plus grands que tout autre animal. Ainsi, quand il y en a une très-grande quantité, elles les tuent purement et simplement pour s'assouvir de sang, sans manger la chair. Il arrive même qu'elles vont encore au delà, et qu'elles en étranglent un grand nombre sans autre cause que la manie de tuer, et sans en sucer le sang.

Le **Putois**, leur proche parent, mais beaucoup plus grand, qui, avec le hérisson, est l'adversaire le plus zélé des *vipères*, préfère également les *souris* et les *rats* à toute autre nourriture. Il se montre surtout utile contre les *rats d'eau* noirs et les *surmulots*, au bord des rivières, des étangs et dans les digues; de même dans les champs contre les *hamsters* et les *souslics*, dans les localités où se rencontrent ces deux genres de rongeurs. Ses griffes allongées et presque droites, peu courbées, et par suite propres à gratter, le mettent parfaitement en état de poursuivre tous ces animaux par des fouilles, jusque dans leurs demeures souterraines. En revanche, cette structure des ongles lui rend pénible ou presque impossible l'action de grimper. Attaché ainsi à la terre, il a peu de prise sur les oiseaux; ce qui le distingue très-essentiellement, et tout à sa faveur, des martres. Celles-ci, grimpeurs extrêmement habiles, n'aiment pas à opérer à terre et ne se mettent guère en peine des souris. Mais très-friandes et passionnées pour les œufs, elles montrent la plus grande ardeur pour la chasse aux oiseaux qui dorment ou couvent au haut des arbres, et pour la recherche de leurs nids. Elles causent ainsi un dégât énorme, et cela parmi les espèces les plus utiles. Elles en usent de même avec tout le menu gibier et avec la volaille, surtout dans les pigeonniers et dans les poulaillers. Si elles ont réussi à y pénétrer, elles procèdent en tout comme les belettes dans les trous de souris, ne cessant de massacrer que quand il n'y a plus de victimes vivantes. Le putois, au contraire, fait peu de tort au gibier et aux volailles, soit sauvages, soit de basse-cour. Même dans un poulailler, il se contente le plus souvent d'un seul animal, qu'il emporte.

II. — OISEAUX.

La protection qu'on doit accorder aux oiseaux donnera, dans le commencement, des résultats moins prompts que ceux qu'on peut attendre relativement aux mammifères. C'est que les oiseaux sont presque tous plus ou moins voyageurs. Les uns, rôdeurs, vaguent çà et là dans le même pays, sans s'éloigner beaucoup; les autres, vrais passagers, ne restent pas toute l'année dans la même contrée, mais sont obligés, dès l'automne, de quitter leur patrie pour l'hiver, faute de nourriture. Cependant une saison d'une rigueur extraordinaire fait aussi faire à quelques rôdeurs des voyages plus lointains, tandis qu'un hiver doux dispense quelques vrais passagers de la nécessité de s'expatrier.

Il devient, par suite, facile de comprendre comment beaucoup de ceux qui ont été élevés et protégés dans telle contrée ou tel pays, sont poursuivis d'autant plus vivement ailleurs. Car malheureusement on n'en use pas ainsi qu'il était ordonné jadis, il y a plus d'un demi-siècle, dans le grand-duché de Hesse. Alors le gouvernement avait interdit fort sévèrement, par loi d'Etat et sous peines graves, toute capture d'oiseaux, et donné le premier un exemple éminemment louable. Espérons donc qu'une loi si conforme au vœu de la nature sera mise ou remise en vigueur partout, comme on l'a fait, depuis quelques années, dans la principauté de Schwarzbourg. Ce dernier fait mérite d'être d'autant plus apprécié que cette même loi, à ce qu'il paraît, est tombée depuis longtemps en plein oubli justement dans le pays de son origine. Elle y existe encore toutefois, mais seulement sur le papier, dans les codes hessois ; mais il n'y a personne qui pense à l'observer ou à l'exécuter.

Cependant, aujourd'hui même, ce n'est pas peine perdue de ménager et d'entretenir les oiseaux chez nous ; et cela pour deux raisons :

D'un côté, les habitants du sud de l'Europe, quoique acharnés à l'oisellerie, sont néanmoins incapables de nous enlever tout ce qu'il y a chez nous de petits oiseaux de passage. Or, dans les contrées où ils sont ménagés ou protégés, il en revient toujours un nombre plus grand, qu'en d'autres lieux où l'on ne prend pas leur intérêt. En outre, plusieurs des genres les plus utiles ne sont pas oiseaux de passage. Ils demeurent chez nous, et sont hors de l'atteinte des massacres qu'on en fait dans le Midi.

C'est surtout à cause de leur mobilité qu'ils sont à même de se rendre si éminemment utiles en tous lieux. Car ils vont, dans la saison des amours ou peu après, établir pour quelque temps leur résidence préférée dans les lieux où ils trouvent le plus de nourriture. Ces contrées sont alors précisément celles où l'on a le plus besoin de leur action. En tout cas, qu'ils fassent un voyage lointain ou qu'ils se contentent de vaguer à peu de distance, ils se conforment non-seulement aux arrangements les plus sages et les plus bienfaisants de la nature, mais encore à l'instinct de leur propre conservation.

C'est ainsi que les mangeurs d'insectes, qui se trouvent dans un pays, vont en foule d'une région dans une autre, si les chenilles ou les limaces, peu nombreuses dans l'une, menacent l'autre de grands dégâts. De même, dans telle année où les souris abondent chez nous, il nous arrive une affluence de buses et de hiboux ou chouettes, beaucoup plus grande que dans les temps ordinaires. Ils viennent alors de pays situés bien avant dans l'est et dans le nord, où ils ont niché.

Si, néanmoins, ils ne réussissent pas toujours à triompher de la masse excessive des souris, il n'y a pas de quoi s'en étonner. Cela tient à la guerre incessante que l'on a persisté si longtemps à leur faire, par tous les moyens imaginables. Et malgré le petit nombre auquel on les a réduits, on ne manque pas, même à présent, de poursuivre le peu de ceux qui restent, quand ils accourent pour nous rendre leurs bons services. La façon dont on en use avec eux, maintenant encore, de côté et d'autre, est presque incroyable. Et pourquoi les combat-on ? D'une part, parce que la plupart des chasseurs et des amateurs de chasse s'imaginent que tous les oiseaux de proie causent du dommage au gibier. D'autre part, beaucoup de ces hommes, surtout des amateurs, ne raisonnent même point. Ils se laissent aller à leur passion de tirer, — manie tout à fait indigne d'un vrai chasseur, et ne signalant que le simple assassin d'animaux. — Voilà comment on abat sans égard tout ce qui se présente.

En 1855, au printemps, on a tué de cette manière, dans les environs les plus proches de Gotha, et cela dans le court espace de trois semaines, sur une étendue d'environ quatre milles carrés, plus de quatre cents **Buses** pattues, ou de l'espèce du nord, aux tarses emplumés. (Les individus de l'espèce indigène, que l'on poursuivait de même, n'ont pas été comptés). Ordinairement, ce n'est que si les souris abondent, pendant l'automne et jusqu'au commencement du printemps, que cette espèce du nord vient nous rendre visite.

Considérons les conséquences d'un tel carnage : chaque buse consomme par an au moins six mille souris. Et en calculant ainsi, cela ne ferait pas plus de seize par jour, en moyenne, pour tous les repas réunis ; tandis que ces oiseaux en font deux ou trois par jour. Mais on a quelquefois trouvé dans le jabot et l'estomac d'une buse plus de vingt souris à la fois, et même plus de trente, quand elles étaient encore jeunes ou d'une petite espèce. Car si la buse peut en prendre à son gré, elle s'engraisse excessivement. En mangeant alors, pour ainsi dire, par avance, elle se précautionne contre l'avenir, dans la prévision des jours où la neige, trop épaisse et peut-être plus ou moins glacée, mettra des obstacles à la chasse aux souris. C'est ainsi qu'elle parvient à se nourrir quelque temps bien véritablement de sa propre graisse. Sans cela, elle serait obligée d'aller au loin, toutes les fois qu'une certaine quantité de neige, même peu considérable, viendrait à tomber. Les hiboux, chouettes, chats-huants, etc., se conduisent à cet égard de même que les buses. Au reste, ce qui fait que les unes et les autres ont toujours un si grand besoin d'aliments, c'est la petite quantité de matières nutritives contenues dans leur proie. En effet, ils avalent les souris entières, avec poil et peau, ne dépeçant que celles qui sont trop grandes. Mais d'abord les poils, qui dans l'estomac se séparent de la chair, ainsi que les os plus grands, ne servent absolument de rien à la nutrition ; ils sont plutôt onéreux et gênants. Pour s'en délivrer, ces oiseaux les rejettent toujours, quelque temps après le repas, sous forme de pelotes arrondies, qui sont rendues par le bec. En outre, il se trouve dans les entrailles des souris une quantité considérable de matières végétales, qui, avalées par un animal purement carnivore, ne peuvent que peu ou pas du tout lui servir d'aliment. Elles suivent donc le trajet des intestins, sans profit pour le corps, et sont expulsées avec les excréments. Il s'ensuit que les buses, la cresserelle et toutes les chouettes ne retiennent de chaque souris que la moitié à peine, et souvent peut-être pas plus d'un tiers du volume, comme substance réellement nutritive.

Quant aux buses, en particulier, admettons le chiffre de six mille souris pour leur alimentation annuelle, quoique ce nombre soit de beaucoup inférieur à la réalité. Les quatre cents individus de l'espèce pattue, massacrés près de Gotha, en auraient consommé au moins deux millions et demi dans l'espace d'une année. Et, en même temps, les petits qu'ils eussent engendrés, en auraient encore détruit davantage ; car chaque couple de buses élève au moins deux ou trois petits, et jusqu'à quatre quand la nourriture abonde.

Qu'est-il, au contraire, advenu pour les souris demeurées en vie, par suite de cette destruction des buses ? En supposant que la température de l'air les ait favorisées, il est très-probable que pendant l'été suivant et jusqu'à la fin de l'automne elles se sont au moins décuplées (1).

(1) Dans une terre noble en Silésie, près de Breslau, pendant l'été de 1857, on a pris deux cent mille souris dans l'espace de sept semaines. La fabrique de poudrette à Breslau les payait 1 centime la douzaine ; néanmoins les preneurs adroits et actifs gagnèrent pendant quelque temps jusqu'à 1 fr. 10 c. par jour ; ce qui

L'acte de carnage, ou plutôt de boucherie, mentionné plus haut et relatif aux buses, est sans doute un des pires qu'on puisse imaginer. Mais qui pourrait compter les centaines d'autres faits, quoique moins ineptes, qui se passent ailleurs ? ou qui saurait en calculer les conséquences ? Car, sur ce point, on procède à peu près de même partout. On va si loin qu'on n'épargne même pas ceux des oiseaux de proie qui vivent également de souris et de grands insectes, mais qui, beaucoup moins grands que les buses, doivent, par ces deux raisons, être encore moins soupçonnés de nuire à la chasse.

Cette observation s'applique d'abord à la **Cresserelle.** Elle procède de la même manière que les buses, pour s'emparer d'animaux semblables. Toutes deux, dès qu'elles ont reconnu une souris à terre, se balancent quelques moments au-dessus d'elle, à une médiocre hauteur, comme suspendues dans l'air, en y flottant ou voletant, par un mouvement court et rapide des ailes, afin de la bien viser. Une fois qu'elles sont placées verticalement au-dessus de leur proie, elles se précipitent et se laissent choir comme une pierre, pour saisir la souris dans leurs griffes. Les lieux où les buses n'ont pas coutume de venir et d'exercer leur chasse aux souris, sont principalement ceux où la cresserelle vit et opère le plus souvent. Elle aime les grandes tours des villes et le voisinage des villages ; les buses s'en tiennent éloignées.

Au reste, les chasseurs ne sont pas les seuls qui, depuis longtemps, aient commis et commettent encore des fautes, relativement à ces oiseaux utiles. Non ! la plupart de nos agriculteurs, contrairement à ceux de l'Angleterre, se sont laissé entraîner à une méprise qu'il sera plus difficile et plus long de réparer que celle des chasseurs.

Cette méprise, c'est la mauvaise coutume d'abattre presque tous les arbres, qui autrefois se trouvaient çà et là, en assez grand nombre, à la lisière des champs. De tels arbres isolés, surtout les vieux et les plus hauts, sont extrêmement utiles, en facilitant l'action des buses, des cresserelles, et en partie celle des

représente le prix de près de quinze cents souris. Le propriétaire d'une grande terre, dans le duché d'Anhalt, évaluait à 15,000 écus (56,000 fr.) les dégâts que les souris lui avaient faits dans l'année 1856. Elles y entrèrent à l'automne en si grande foule, même dans les granges, qu'on en tua plus de deux mille devant celle d'un des moindres propriétaires, pendant qu'on la vidait pour la nettoyer.

chouettes. Ils leur servent de lieu de repos, et plus encore d'observatoire, où ils peuvent se tenir aux aguets pour épier et surprendre les souris d'alentour. A présent, hélas ! ces oiseaux en sont empêchés par cette manie de dépouiller ainsi les champs. On change par là l'aspect du pays, contrairement au bon goût, aussi bien qu'au plan de la nature, dont on bouleverse l'harmonie. En agissant de cette manière, on compromet son propre intérêt, non moins que par toutes les exagérations de même sorte, qui ont leur origine dans l'imprudente avidité des cultivateurs.

La destruction irréfléchie et brutale de ces arbres a créé des obstacles, très-difficiles ou même tout à fait impossibles à surmonter, non-seulement pour les oiseaux mangeurs de souris, mais encore pour une quantité considérable d'autres, bien utiles comme insectivores et vermivores, dont la vie même est menacée, par suite de ce dénûment des champs. Voici comment : la plupart des insectivores ont le vol faible. Il s'ensuit que, lorsqu'ils traversent un grand espace découvert (comme c'est très-souvent nécessaire dans leurs voyages), ils se fatiguent en peu de temps. Alors chaque arbre, arbrisseau ou buisson leur fournit une place bien désirée de repos et de refuge. Mais quand la campagne en est privée par ce triste et déplorable dénûment, les petits voyageurs, dans leur état de lassitude, sont exposés sans merci aux attaques de l'épervier et des petits faucons, dont la vitesse et la dextérité sont telles qu'ils attrapent sans beaucoup de peine les oiseaux au vol. Même, ces petites espèces de faucons n'assaillent aucun oiseau, si ce n'est quand il vole.

Il est vrai que les chasseurs méritent les vifs reproches des agriculteurs intelligents, parce qu'ils abattent souvent aussi les **Hiboux, Chouettes, Chevêches, Chats-Huants**, etc., quoiqu'il soit bien certain que tous ces oiseaux vivent presque exclusivement de souris, et qu'ils vont souvent jusqu'à prendre des rats. Mais on a grand tort d'oublier que les campagnards eux-mêmes font ou laissent faire pis encore. Car partout à la campagne les enfants, et souvent même les hommes faits, sont par trop enclins à dénicher les jeunes chouettes et autres oiseaux de la même famille, sans aucun but raisonnable, mais pour le seul plaisir de considérer leur aspect bizarre. Après cela on les laisse périr. Ce sont là de vrais tourments infligés à des animaux, des atrocités que rien ne peut justifier, et dont le chasseur ne se rend pas coupable. Au contraire, son intérêt, comme aussi son « point d'honneur, » qui est de donner des preuves de son adresse, veut qu'il tue les objets de sa poursuite le plus sûrement, et pour cela le plus promptement possible.

Toutes les espèces d'oiseaux rapaces nocturnes, les chouettes, chevêches, etc., excepté seulement le Hibou grand-duc (qui est fort nuisible à la chasse), méritent le ménagement le plus absolu.

C'est que par leur organisation ces espèces sont les plus expressément appelées à détruire les souris. En effet, bien qu'elles soient ordinairement moins grandes que les buses, elles en viennent à bout aussi bien que celles-ci, ou même mieux encore. Cela tient à leurs griffes, extrêmement dures, minces et pointues ; à leur ouïe, fine et délicate au dernier point ; à la faculté de voir dans l'obscurité ; et aussi à leur plumage, extraordinairement moelleux. Grâce à cette particularité, elles volent si doucement et avec si peu de bruit qu'il faut être tout près d'elles pour les entendre. Tout cela les rend, plus que tout autre animal rapace, habiles à poursuivre et à surprendre les petits rongeurs, quand ils vont, pendant la nuit, chercher leur nourriture.

Mais, plus encore qu'ailleurs, cette activité de la plupart des chouettes est inappréciable dans les bois, où les plantations et les jeunes pousses de hêtre, de charmes, d'ormes, etc., sont endommagées fréquemment ou même dévastées totalement par les souris, qui en dévorent l'écorce tout autour du pied. C'est là surtout que les oiseaux de proie nocturnes font la guerre aux souris, plus qu'aucun autre animal. Parmi les oiseaux, il est vrai, les buses, qui sont diurnes, nichent toujours dans les bois, et la cresserelle aussi très-souvent ; néanmoins ni celle-ci ni les buses n'ont de prise sur elles.

Cependant les rapaces nocturnes sont fort loin de se restreindre aux bois. Ils assaillent, au contraire, avec non moins de succès les « campagnols » et les autres souris aux champs. Ainsi l'**Effraie**, fressaie ou chouette des tours, qui demeure dans les clochers, au-dessous des toits des églises, et ailleurs dans les édifices élevés, évite entièrement les bois. Elle se borne à agir dans les jardins et en pleine campagne ; et le **Hibou de marais** (ou de prés) ne s'établit jamais ailleurs qu'aux prés et aux champs couverts d'herbe, où il niche à terre. Autrefois, il ne nichait chez nous que très-rarement, quoiqu'il ne manquât jamais de nous venir en grand nombre d'autres pays, quand les automnes et les hivers abondaient en souris. Mais récemment, depuis la multiplication rapide de celles-ci en quelques années, il s'est réellement établi et niche dans plusieurs contrées de l'Allemagne, même çà et là, en très-grand nombre. De plus, dans ces dernières années on a trouvé dans ses nids, ainsi que dans ceux de l'effraie, plus d'œufs et plus de petits que l'on n'en avait jamais vu antérieurement produire à aucun autre oiseau de proie. Ainsi on en a trouvé quelquefois le double de ce qu'il y en avait jadis (huit à neuf, ou même dix, au lieu de quatre à cinq). Enfin il n'est pas rare que l'effraie fasse une deuxième couvée, à la fin de l'été ou au commencement de l'automne, différant en ce point de tous les autres oiseaux de proie. Tant la nature a pris soin de rétablir promptement, par de sages arrangements, l'équilibre troublé. Mais ses efforts ne peuvent suffire, si la perversité de l'homme ne cesse de les contre-carrer.

L'excès de cette perversité se fait voir particulièrement dans les massacres exécutés si souvent contre les **Freux**, frayonnes ou corneilles moissonneuses, dans leurs grandes colonies, où le nombre des oiseaux nichants monte quelquefois à plusieurs centaines de couples.

Il n'y a rien de plus détestable que cet amusement brutal et exterminateur. Et pourtant une grande partie du peuple, dans le voisinage de ces colonies, y prend part, surtout les dimanches. Voici ce divertissement cruel.

Souvent on enlève les œufs; ou bien, on renverse les nids; et ceux que l'on ne peut atteindre autrement, sont abattus au moyen de longues perches, dont on se munit avant de grimper aux arbres. Enfin, on tue à coups de fusil autant de petits qu'il se peut. Et pourtant il n'y a guère de gens, au moins chez nous (dans l'Allemagne), même des plus pauvres, qui veuillent les manger. En un mot, la seule pensée qui fasse agir, c'est d'en massacrer le plus possible.

Mais, en vérité, il n'y a aucun oiseau qui puisse être plus utile, spécialement contre les *hannetons* et leurs *larves*, que la corneille moissonneuse ou freux. En ce point elle l'emporte encore sur le **Choucas**, qui est de même digne de toute notre gratitude. Nous pouvons nous en convaincre, dans les années où ces insectes abondent plus que d'ordinaire. Chez nous, c'est en général chaque quatrième année, que l'on appelle pour cela « une année de hannetons ». Alors on peut voir éparses, dans l'intérieur des tours où les choucas nichent en grand nombre, des couches épaisses d'ailes et d'élytres (couvertures d'ailes) de hannetons. Ce sont les débris de ceux qu'ils ont apportés à leurs petits.

Ce qui concourt, plus que toute autre chose, à faciliter au choucas et à la corneille freux cette poursuite spéciale des hannetons, c'est leur manière de vivre en société. En la conservant aussi pendant la période de temps où ils nichent, ils sont en état, mieux que tout autre oiseau, d'employer un artifice bien remarquable. Le voici : quand la saison des hannetons est venue, les choucas et les freux vont par troupes voler sur les arbres. Une partie perche sur les branches, en y sautillant, voletant, battant des ailes et pratiquant d'autres mouvements violents, pour faire tomber les hannetons. Le reste de la compagnie se tient à terre pour ramasser ce qui tombe. Chaque partie de la bande opère et mange à son tour, comme de raison. Sans doute, il n'y a pas d'intelligence qui pourrait leur apprendre une méthode meilleure que celle qu'ils tiennent de leur instinct.

La corneille freux l'emporte non-seulement sur le choucas et les autres corneilles, mais encore sur les oiseaux en général, par quelque chose de particulier. C'est par la manière dont elle tire de terre toute sorte de vermine souterraine, mais préférablement les larves de hannetons. Son odorat, extrêmement fin, lui en indique la présence à une profondeur plus ou moins considérable. Presque tous les autres oiseaux, y compris le choucas avec le reste des corneilles, ne peuvent atteindre ces larves ou les vers de terre qu'en becquetant ou en piochant à plusieurs reprises, et lorsqu'elles se trouvent peu au-dessous de la surface du sol. De plus, cette méthode n'a pas toujours un prompt succès. La corneille freux en vient à bout beaucoup plus vite. Enfonçant le bec dans le sol très vigoureusement, jusqu'au front ou la gorge, elle sait ramener les larves d'une profondeur assez considérable, et plus aisément encore les vers de terre. Néanmoins, elle ne réussit pas toujours du premier coup. En ce cas, elle fait avancer l'ouvrage en houant ou en becquetant tour à tour, comme les autres corneilles, pour se remettre ensuite à forer.

Du reste, on voit aisément dans son extérieur les effets de cette manière de « forer » ou de « percer », qui lui est toute particulière (et dont le sansonnet seul est aussi capable à quelque degré). C'est ce qui la fait distinguer facilement de toute sa parenté, même d'assez loin, dès le premier automne de son âge, et pour tout le reste de sa vie (1). Elle a d'abord les narines revêtues de plumes étroites, serrées, dures et rudes, ressemblant un peu à des oies, tout comme les autres oiseaux de la famille des corneilles, qui ont toujours le tour du bec couvert de plumes molles, formées comme celles du cou. Mais tandis que les autres espèces les conservent toujours, elles n'existent chez le freux que dans le nid, et tout au plus quelques semaines ou quelques mois (2). Cependant ces plumes des narines, du front et de la gorge ne tardent pas à tomber, parce qu'elles s'usent par le frottement, quand l'oiseau fouille la terre, et, chez les individus de deux ans ou plus, les plumes ne repoussent pas. Car le forage continuel les détruit complétement, dès qu'elles viennent de paraître.

Si nous nous rappelons ce qui a été dit plus haut, nous voyons que le freux et la taupe réunissent leurs efforts pour exécuter en commun un travail de destruction dirigé contre la vermine souterraine, qui endommage le règne végétal. Le freux commence la poursuite, pendant la jeunesse des larves du hanneton, alors qu'elles sont encore petites, et pendant la saison chaude, alors qu'elles se trouvent d'ordinaire à peu de profondeur dans le sol. La taupe vient après. Elle est chargée de continuer le travail, surtout contre celles de ces larves qui ont vieilli et grandi ; mais, en hiver, elle prend également les grandes et les petites, parce qu'alors les unes et les autres s'en-

(1) De plus, elle présente un deuxième caractère, toujours invariable : son plumage diffère de celui de l'autre corneille noire par un lustre beaucoup plus éclatant, où brillent les couleurs du cuivre, de la violette et de l'acier.

(2) A cet âge, pour ne le pas confondre avec la corneille noire de charogne, il suffit de regarder la splendeur de son plumage, bien différente de l'aspect terne qu'offre celui de l'espèce noire commune.

foncent davantage dans le sol. De plus, toutes deux, la taupe et la corneille freux, prenant chacune son temps, détruisent aussi beaucoup de courtilières et de limaces. Quelle récompense en reçoivent-elles? On les poursuit également et plus souvent que nul autre animal.

Autant il est désirable que l'on protége le choucas et le freux, autant il est à souhaiter que les chasseurs ne manquent pas de poursuivre ardemment les autres corneilles, la noire et la demi-grise ou mantelée, qui sont peu sociables et ne nichent pas en société, tandis que le freux ne vit jamais solitaire et s'établit toujours en colonies. Mieux encore a-t-on le droit d'être hostile envers le corbeau proprement dit, la pie et le geai. Tous ceux-ci ne méritent aucun ménagement. Il importe très-peu qu'ils dévorent aussi un nombre assez grand d'insectes nuisibles, de larves, de vers, de limaces et même de limaçons, et qu'ils prennent souvent des souris : car, contrairement au freux et au choucas, ils sont très-dangereux pour le menu gibier, dans son jeune âge, principalement pour les œufs du gibier à plumes. Mais le pire de tous les actes dont ils se rendent coupables, c'est le trouble continuel qu'ils causent aux couvées d'une foule d'oiseaux insectivores, dont ils mangent les œufs ou ravissent les petits. Chaque fois que cela arrive, ils font plus de mal qu'ils n'ont fait et ne feront jamais de bien en consommant eux-mêmes toute sorte de vermine. Il est donc nécessaire partout, mais préférablement dans les villages et leur voisinage, qu'on tâche, autant que possible, de détruire les nids et la progéniture de la pie; car elle est la pire de tous, en même temps que la plus rusée dans sa manière de faire. Dans les bois c'est le geai, que l'on peut accuser de ne pas lui céder en méchanceté.

Parmi les oiseaux que l'on considère à tort comme appartenant à la famille naturelle des corneilles, il y en a un qui mérite notre protection absolue. C'est le **Rollier**, ou la belle « corneille bleue, » facile à reconnaître par sa couleur en partie bleu clair, en partie violette et par son dos brun clair. Il aime, pendant la moisson, à venir sur les tas de gerbes, pour y prendre des sauterelles; car il se nourrit uniquement de grands insectes de toute sorte. Il couve dans les creux des arbres.

Il y a encore divers autres oiseaux très-utiles, qui font aussi leurs nichées dans ces cavités; et, à tout prendre, il n'y en a aucun qui doive être regardé comme nuisible. Bien au contraire, les espèces *les plus utiles de toutes* appartiennent à ces espèces couvant dans des creux.

Cependant, pour la plupart, ils ne trouveraient souvent que très-peu ou point de cavités pouvant convenir à cette fin, si la nature n'avait pas commis expressément aux pics la fonction de satisfaire en ce point au besoin de beaucoup d'autres, en même temps qu'au leur propre (1). Ils s'acquittent de cette fonction en creusant partout où ils viennent à demeurer quelque temps, dans de vieux arbres, de très-belles cavités dont les autres oiseaux, qui couvent aussi dans des creux, peuvent se servir après eux.

Ils ont deux manières de procéder. Au printemps chaque couple de pics se fait une caverne entièrement neuve, afin d'y couver. Mais, pendant tout le reste de l'année, après la propagation, c'est-à-dire le plus souvent, ils font emploi de la deuxième méthode. Alors ils vont agrandir, nettoyer et ajuster un grand nombre de cavernes naturelles, mais défectueuses encore, qui se sont formées d'elles-mêmes par la pourriture du bois. Ces améliorations ont pour but de procurer à ces oiseaux, pendant la saison où ils rôdent de tous côtés, des asiles où ils puissent passer la nuit en sûreté et commodément, à l'abri du vent, de la pluie et de leurs ennemis, de même que, pendant la saison de la propagation, dans leur creux-à-nicher.

Sans doute, en exécutant l'une ou l'autre de ces opérations, ils sont toujours eux-mêmes les premiers et les seuls dont ils prennent ou veuillent prendre soin. Mais leur intention ne retranche rien de l'effet bienfaisant qui résulte de ces efforts pour les autres espèces. Et, en vérité, leurs deux genres de travail, mais particulièrement celui de l'ajustement des cavernes naturelles, sont effectués si fréquemment qu'en somme on pourrait dire que les pics ne cessent pas de travailler pour dix fois et plus de couples d'autres oiseaux qui ne sauraient pas se creuser

(1) Nous avons vu un cas tout à fait semblable chez la taupe (page 18), et il y en a beaucoup d'autres, même en partie plus singuliers. C'est ce qu'on peut appeler « la mission donnée à quelques animaux de travailler aussi pour les autres, » quoique à leur insu, et par cela même qu'ils agissent dans leur propre intérêt.

eux-mêmes les retraites nécessaires pour y nicher, malgré le besoin qu'ils en ont.

Au printemps, comme nous l'avons déjà vu, chaque couple de pics se creuse une cavité toute neuve pour y couver, sans en faire jamais usage une seconde fois. C'est donc la première et la meilleure espèce de ces habitations qui, pour l'avenir, restent toujours ouvertes à d'autres oiseaux couveurs--en-creux (1).

La même chose a lieu, mais encore beaucoup plus souvent, à l'égard des cavernes destinées à passer la nuit, parce que le nombre en est beaucoup plus grand. En effet, en vaguant ou rôdant çà et là, après la saison de la propagation, et vivant dès lors presque toujours solitaire, chaque pic se prépare une cavité à dormir, partout où il compte demeurer quelques jours. Dès qu'il trouve un creux naturel, mal formé ou trop étroit, mais bien sec, il n'a pas beaucoup de peine à en corriger les défauts. C'est en détachant une partie du bois pourri, et en le martelant plus également, qu'il parvient en peu de temps à transformer la caverne à sa guise. Par là elle devient aussi utile à lui-même pour y dormir, que propre à d'autres oiseaux pour y nicher.

Quant à la grandeur de ces trous, on comprend qu'elle varie suivant la taille des espèces de pics, qui est très-différente. Cependant les individus des plus petites espèces existent partout en nombre bien plus considérable que ceux des plus grandes. La même différence et la même proportion ont lieu entre les autres oiseaux, qui ont besoin de ce genre d'habitation. Il s'ensuit que nul creux de pic ne reste vacant, qu'il ait été façonné par un couple pour couver, ou ajusté par un pic errant pour y dormir ; chaque creux ne manque pas de trouver beaucoup de compétiteurs, dont il fait parfaitement l'affaire. Or, comme toutes ces cavernes sont excellentes, plus sûres et plus commodes que nulle autre, elles deviennent un objet d'envie. Il arrive donc, à chaque printemps et pour chacune d'elles, que pendant quelque temps il y a de grands combats entre ces autres oiseaux qui, de leur naturel, ont le désir de couver dans des creux, mais qui n'ont pas le pouvoir de les établir, ou même

(1) Et elles restent vides parce que les pics ne construisent aucune trace de nid (de même que le rollier, la huppe et le torcol). C'est donc aux habitants ultérieurs à garnir le logement à leur goût.

de les améliorer. Ici nous voyons comment la prévoyance de la nature a su satisfaire à leur besoin le mieux possible.

Au reste, il est assez facile de se convaincre que ce n'est pas chose fortuite, si les pics travaillent ainsi pour tant d'autres oiseaux (le nombre chez nous en est de près de vingt espèces), mais qu'il y a là réellement un arrangement spécial, bien déterminé et très-sage de la nature.

Il suffit pour cela de considérer l'état de la plupart des cavités, qui se sont formées naturellement, par la pourriture du bois. Alors on voit que, sur dix ou douze, il s'en trouve à peine une seule qui puisse convenir à quelque oiseau pour y nicher. D'abord, il y en a beaucoup qui sont toujours mouillées, parce que la pluie y pénètre, ou directement, ou par quelque voie détournée. Celles-là ne valent jamais rien. Quelques-unes sont trop petites, ou trop étroites, à l'entrée trop peu élargie, la pourriture de l'arbre n'ayant pas assez fait de progrès. D'autres ont trop peu de profondeur pour mettre les oiseaux à l'abri des martres, des chats, des écureuils, etc., qui peuvent y porter la patte. Ainsi les espèces sages et prévoyantes n'en font pas usage. D'autres cavités enfin, trop spacieuses ou trop larges d'ouverture, sont à cause de cela ou trop froides ou peu sûres. Celles-ci ne conviennent qu'à un petit nombre d'espèces assez grandes; mais elles sont surtout inutiles à plusieurs oiseaux non passagers, qui vont nicher dès le premier printemps. Car, pour les bien remplir, au point de les rendre suffisamment chaudes, il faudrait trop de temps et trop de matériaux. Les creux des pics, au contraire, n'ont aucun de ces défauts.

En outre, ce qui les distingue de la plupart des cavernes naturelles, c'est qu'*ils n'endommagent jamais les arbres*. Et pourquoi?

D'abord le pic ne pratique jamais un creux, même un creux à dormir, sur un point de l'arbre où l'eau pourrait couler et le rendre humide. Puis, afin de se faciliter le travail, il ne choisit jamais une place encore en bon état, même quand il veut se faire un creux-à-nicher; mais toujours il cherche une partie qui, par la pourriture sèche du bois, soit déjà amollie. Le bois sain, il le trouve trop solide pour y exécuter son ouvrage. Car il est bien évident qu'il lui en coûte beaucoup plus pour établir une caverne neuve, que pour élargir et nettoyer seulement une de celles qui existent déjà, quoiqu'en mauvais état. Aussi n'attaque-t-il jamais un arbre sain quand il va chercher sa nourriture. En effet, il n'y a que les arbres malades, ou leurs endroits malades, qui lui fournissent des insectes et des larves. Peu lui importe que cette proie soit bien cachée sous l'écorce, ou dans le bois même; rien ne lui échappe. Son odorat, extrêmement fin, lui signale le bois pourri, non moins que les insectes vivants qu'il renferme. Ceux-ci d'ordinaire y sont à l'abri des poursuites de tout autre oiseau ; ou plutôt, il n'y en a aucun qui soit à même de les atteindre aussi infailliblement que les pics.

Déjà donc à ce point de vue ils ne pourraient pas être remplacés; et beaucoup moins encore pourraient-ils l'être sous le rapport de leur travail comme architectes pour d'autres oiseaux utiles. Au nombre de ceux-ci, qui comprennent justement les meilleurs exterminateurs d'insectes, de vers et de limaces, se trouvent les suivants : la *huppe ;* le *torcol* ou torcou ; le *sansonnet* ou étourneau ; la *sittelle* ou le torchepot ; les *mésanges*, excepté celle à longue queue, cinq espèces en tout; puis les *gobe-mouches*, le *rouge-queue* de bois ou de jardin ; assez souvent aussi le *hochequeue-lavandière*, et parfois le *grimpereau* ; en quelques lieux même le *rollier*. Dans les jardins, et à la lisière des bois à feuillage ordinaire, il faut y ajouter les deux espèces de *moineaux*, que l'on poursuit à grand tort ; car eux aussi détruisent une foule d'insectes nuisibles.

Quant à la **Huppe**, il y a quelque chose de particulier à remarquer. C'est qu'elle excelle surtout comme exterminatrice des *taupes-grillons* ou courtilières, qui sont extrêmement malfaisantes. Son bec long, un peu arqué et façonné d'une manière spéciale, la rend de préférence habile à ouvrir à reculons leurs conduits souterrains.

Un oiseau très-remarquable, et auquel on veut reprocher qu'il trouble et fait périr, chaque année, une partie des couvées d'autres insectivores très-utiles, c'est le **Coucou**, si fameux depuis longtemps par les particularités singulières de sa propagation.

En effet, il est bien vrai que chaque coucou, élevé par d'autres oiseaux, leur cause la perte de leurs propres petits. Il ne leur sert à rien de faire éclore leurs propres œufs aussi à côté de l'œuf du coucou. Car, peu temps après, le jeune coucou, croissant très-rapidement, est à même de pousser ou jeter les autres petits dehors, l'un après l'autre. Pour cela, il se glisse au-dessous d'eux, au fond du nid, afin d'en prendre un sur son dos, entre ses épaules ; puis il se relève de toute sa force, pour le lancer d'un choc soudain par-dessus le bord. Il n'a pas de trêve qu'il ne les ait ainsi tous expédiés. Mais le plus souvent il n'a pas besoin de tant d'efforts. Il en est dispensé par la grande attention et circonspection de sa vraie mère, le coucou femelle, qui vient tuer les autres petits, peu de temps après l'éclosion, et les entraîne loin du nid. C'est ce qu'elle fait régulièrement dans tous les cas où il serait trop pénible pour le jeune coucou de les jeter lui-même, et dans ceux où il lui serait absolument impossible de le faire. Prenons pour exemple les nids du roitelet et des pouillots. Déjà ici le malin faux frère éprouverait des difficultés extrêmes, parce que ces nids sont toujours fermés par en haut (c'est-à-dire qu'ils sont voûtés comme un four, n'ayant qu'une ouverture très-petite sur le côté). Mais moins encore réussirait-il pour les nids placés dans des creux d'arbres.

La cause de ces manœuvres et arrangements extraordinaires est bien claire et extrêmement simple. En effet, afin de pouvoir grandir vite, après avoir été extraordinairement petit à la sortie de l'œuf, le jeune coucou a besoin pour lui seul de toute la nourriture que ses petits parents nourriciers sont en état de lui apporter. Le sacrifice des autres petits oiseaux est donc indispensable. Si l'on voulait ne considérer, en cette question, que le seul nombre d'insectes et surtout de chenilles qu'il s'agit de détruire, on pourrait avoir quelque raison de croire que la perte des autres jeunes oiseaux occasionne plus de mal, que le coucou ne produit bien. Nul doute qu'il n'en consomme, pour lui seul, beaucoup moins que ne le feraient ces oiseaux plus petits, s'ils restaient en vie, et surtout moins que leur descendance ultérieure.

Mais il y a là une question de qualité, plutôt que de quantité. Il faut donc tenir compte d'un point important. C'est que le *coucou* seul recherche et consomme toujours de préférence les *chenilles* de telles espèces, *qu'aucun autre oiseau* en général, et encore moins aucun de ces petits insectivores, *ne mange*, ni peut ni doit manger. C'est parce que toutes *ces chenilles* sont *poilues* ou fortement velues : et plus elles ont les poils forts, longs et rudes, plus le coucou les recherche, mais plus tous les autres oiseaux les ont en aversion. Le coucou, lui, les préfère à toutes les espèces lisses ou un peu velues, partout et tant qu'il peut en avoir. Sans lui, elles n'auraient guère d'ennemi, ou du moins point d'ennemi capital et vraiment acharné. Sans lui donc, une fois nées, elles ne seraient guère attaquées; et sans doute il y en aurait toujours un nombre plus ou moins considérable, parce que les petits oiseaux ne réussiraient jamais à trouver et à dévorer tous les œufs des papillons dont elles proviennent. Il est donc nécessaire que le coucou leur vienne en aide.

Dans la nature et dans tous ses arrangements rien n'existe sans un but bien déterminé; et plus ce but est spécial et réfléchi, plus les moyens, employés pour l'atteindre, se distinguent des autres : c'est-à-dire, plus ils s'écartent de l'ordinaire. Chez le coucou, et dans sa manière de se multiplier, ces particularités et anomalies s'accumulent plus que chez aucun autre oiseau. Cela fait bien voir la haute importance que la nature a attachée à son existence et à son activité. C'est à sa nourriture *spéciale* que se relie parfaitement son mode de propagation, si bizarre à divers points de vue. Voici comment :

Les chenilles velues, que lui seul est si particulièrement destiné à poursuivre, ont, à cause de leurs poils, un volume au moins deux ou trois fois plus grand qu'elles ne l'auraient si elles étaient lisses. Mais les chenilles lisses elles-mêmes contiennent déjà une quantité considérable de matières végétales, qui pour les mangeurs exclusifs d'insectes sont un aliment ou entièrement indigeste, ou très-peu nutritif. La même chose, comme on le comprend, a lieu pour les espèces poilues. Dans ces dernières il y a tout au plus un tiers, et souvent à peine un quart ou même un cinquième de la masse totale qui puisse être considéré comme vraiment alimentaire. En outre, cette masse est très-peu compressible, les poils étant trop durs et trop élastiques. Par suite de cette circonstance, le coucou doit les rejeter très-fréquemment ou presque continuellement par le bec, sous forme de petites pelottes, qui comprennent aussi les têtes, les pieds et les peaux des chenilles (1). Il lui fallait donc

(1) Tous les oiseaux exclusivement insectivores en font, du reste, autant pour les

un jabot et un estomac plus grands que d'ordinaire, afin qu'il pût se gorger suffisamment de cette quantité excessive et si peu nutritive d'aliments, dont il doit vomir et rejeter la plus grande partie, bientôt après l'avoir ingérée. C'est pour cela qu'il éprouve le besoin de chercher sans cesse sa nourriture. Cette nécessité est si pressante que le mâle n'aurait assez de loisir ni pour partager les soins de l'incubation avec la femelle, ni pour la nourrir, si elle couvait seule. Au surplus, comment serait-il possible même à tous deux, étant si voraces, de nourrir environ six petits, encore plus voraces qu'eux-mêmes ? Car tous les jeunes oiseaux, pendant leur croissance, ont besoin, individuellement, de plus d'aliments que les vieux.

Un autre obstacle, tout particulier et tout à fait décisif, vient du grand volume de son jabot, de son estomac, et en partie aussi de ses intestins.

Ils occupent un espace si considérable du ventre qu'il n'y reste que très-peu de place pour le développement des œufs. De là vient que ceux-ci sont extrêmement petits, de la grosseur des œufs des moineaux, quoique le coucou lui-même égale à peu près, pour la taille, un pigeon de moyenne grandeur. De plus, et malgré cette petitesse sans pareille, ils se développent si lentement dans le corps de la femelle, qu'il faut successivement, à chacun d'eux, une période de six à huit jours pour être mûr et bon à être pondu. Comme la femelle en pond de six à huit chaque printemps, il s'écoule autant de semaines avant qu'elle ait achevé sa ponte. Pendant ce temps les chaleurs, devenues très-fortes, auraient corrompu les premiers œufs avant que le coucou eût pondu le dernier, pour commencer ensuite à couver.

Enfin, il y aurait encore une autre difficulté quant à la nourriture des petits, laquelle doit convenir à leur tendre organisation dans la première jeunesse.

Nous avons vu quelles espèces de chenilles le coucou préfère. Elles sont faites de telle manière qu'il ne serait pas possible aux parents d'en donner la becquée aux jeunes, et surtout dans le premier âge. Il n'est pas douteux que leur gosier et leur estomac, alors très-délicats, ne pourraient pas

tarses, les ailes et les autres matières sèches, mais seulement de temps en temps, deux ou trois fois chaque jour.

encore en supporter les poils durs. Au contraire, il n'y a pas d'aliments plus convenables pour le jeune coucou que les diverses petites larves et chenilles lisses, dont les petits oiseaux insectivores le nourrissent, comme ils en nourrissaient aussi leurs propres petits. Cette alimentation beaucoup plus tendre de ses nourriciers est également la sienne, jusqu'à ce qu'il puisse subsister par lui-même. Dès lors, il est bien en état de s'accoutumer peu à peu à manger aussi des chenilles poilues.

Pour atteindre le plus commodément son but, la femelle du coucou pond directement dans le nid choisi, s'il est ouvert par en haut, c'est-à-dire sans voûte, de sorte qu'elle puisse y prendre place à son aise. Mais souvent le nid est fermé en dessus, n'ayant, sur le côté, qu'un trou fort petit; ou il est placé dans un arbre creux. Alors il faut qu'elle se tire autrement d'affaire. Dans ce cas elle va se poser à terre, pour y pondre ; elle prend ensuite l'œuf dans sa gorge, qui est très-large, et le porte au nid choisi, ou à la cavité où le nid se trouve, pour l'y faire glisser bien doucement.

Les autres oiseaux sont forcés de couver et de faire éclore cet œuf avec les leurs, sous peine d'abandonner le nid. Car ils ne pourraient se débarrasser de l'œuf du coucou, même quand ils le reconnaîtraient comme substitué. Au surplus, cela n'est guère probable. Il y a une particularité bien remarquable qui les en empêche. C'est que l'œuf du coucou ressemble à leurs propres œufs, par la couleur et les marques, de manière à s'y méprendre, au moins quand la grandeur ne diffère que peu. Dans la plupart des cas, cette conformité des œufs est telle que, parmi les naturalistes, ceux qui se connaissent le mieux en oiseaux et en œufs, ont souvent assez de peine à distinguer l'œuf de coucou de ceux des propriétaires du nid. Chose admirable sans doute, et d'autant plus admirable, que le coucou pond dans les nids d'au moins trente diverses espèces d'oiseaux, espèces dont les œufs, comme on peut s'y attendre, diffèrent, pour la plupart, extrêmement les uns des autres, tant par les couleurs que par le dessin. Néanmoins celui du coucou leur est, d'ordinaire, bien pareil, et le plus souvent même tout à fait semblable.

Cette singularité étrange et à peu près miraculeuse (à laquelle il n'y a d'exception que dans certains cas, où elle s'explique facilement par les circonstances) passe, avec raison, pour un phénomène des plus remarquables dans toute l'histoire des oiseaux. C'est elle qui, tout particulièrement, nous servira à prouver la haute signification que doivent avoir l'existence du coucou et son activité contre les races spéciales de chenilles, qu'il poursuit avec plus d'ardeur que tout autre. S'il n'en était pas ainsi, certes le sacrifice, en faveur de chacun de ses petits, d'une couvée d'autres insectivores n'existerait nullement. Mais, par suite de l'ensemble de ces particularités, c'était chose nécessaire.

Les divers genres et espèces d'oiseaux que le coucou, selon la localité et l'occasion, choisit pour élever un de ses petits, appartiennent aux *oiseaux chanteurs* qui, en somme et pour la plupart, sont purs mangeurs d'insectes. Et c'est ici, comme toujours, l'instinct naturel qui le guide dans ce choix. Cependant, il arrive aussi qu'il charge de ce soin les espèces de quelques genres que l'on compte ordinairement parmi les granivores.

C'est ainsi qu'on le voit choisir assez souvent les **Alouettes** et quelquefois même les **Bruants.** Mais on s'explique bien pourquoi cela lui est permis. C'est que les alouettes élèvent leurs petits uniquement avec des insectes, et que les bruants ne commencent que tard à nourrir les leurs en partie de graines.

Le même régime est à peu près suivi par les **Pinsons** ordinaires et par les **Moineaux.** Les uns et les autres ne manquent pas de consommer, au printemps et en été, pour eux-mêmes, une foule d'insectes très-nuisibles, destructeurs des fleurs des arbres fruitiers et du jeune feuillage; mais beaucoup plus encore en ont-ils besoin pour alimenter leurs petits, surtout dans le premier âge. C'est donc avec beaucoup de raison qu'on commence à revenir peu à peu de l'ancienne manie de poursuivre les moineaux « par principe, » ou même conformément à des lois ridicules. Ce furent les jardiniers qui, avant tous les autres, reconnurent cette erreur. Et, pourtant, ce sont eux qui auraient surtout le droit de se plaindre si les moineaux, en effet, causaient plus de mal que de bien. Ils se bornent, plutôt, à éloigner ces oiseaux, en les effarouchant, des cerisiers aux fruits sucrés, des treilles, des espaliers et des planches de pois nouvellement germés; mais ils n'en poursuivent et tuent guère plus aucun avec dessein. A leur avis et à celui de tout homme sage, on ne doit pas tâcher d'en diminuer le nombre, avant que celui des oiseaux exclusivement insectivores ne se soit accru considérablement, par suite d'une protection rigoureuse.

Les moyens les plus usités pour rebuter ces importuns sont : de vieux rets suspendus, des clinquants et des épouvantails en forme de mannequins. Mais, quoique rendant de bons services contre les loriots et quelques autres oiseaux plus grands que les moineaux, ces moyens n'ont de succès, à l'égard de ceux-ci, que pour quelques jours. Car ils sont trop fins et trop rusés pour ne pas reconnaître bientôt que tout cela est très-loin de leur nuire et ils cessent d'en avoir peur (1). Cependant il y a un expédient très-simple, et néanmoins bien sûr, de leur donner des soupçons continuels. Il consiste à se servir de longs *filets* de laine ou de coton, assez gros et de couleur bleue, rouge, jaune, ou toute autre contrastant avec la terre et le feuillage. Sur les couches ensemencées, on les attache à de petits bâtons fichés dans le sol, en lignes éloignées de trois pieds l'une de l'autre. Sur les espaliers, on les enroule au sommet des rameaux. Pour garantir de même les cerisiers d'une hauteur moyenne, on se sert d'un échenilloir à longue perche, en y embrochant une pelote du filet. Il ne faut que le dérouler plus tard avec soin, pour qu'il puisse servir plusieurs années. Au reste, on ne sait bien pourquoi les moineaux craignent tant ces fils, si innocents, et dont les autres petits oiseaux n'ont pas peur. Mais, dans la pratique, le succès est assuré ; et cela suffit.

En somme, il n'y a que très-peu de genres que l'on puisse appeler purs *mangeurs de grains* ; et il ne s'en trouve aucun, même parmi ceux-ci, qui mérite d'être poursuivi à cause d'inconvénients majeurs. Car tous, en dévorant une incalculable quantité de *semences* de *mauvaises herbes*, se rendent utiles à un haut degré. Ainsi, par exemple, nos champs seraient couverts de chardons s'il n'y avait le **Chardonneret**, qui en consomme avidement les graines, avant qu'elles se détachent et soient dispersées jusqu'à de grandes distances par le vent.

(1) J'ai été témoin d'un cas bien curieux, où un couple de moineaux, comme se moquant du propriétaire de l'arbre, nicha et éleva ses petits dans une manche de la robe du mannequin placé en épouvantail sur un très-grand merisier. Au reste, il n'y a que les moineaux domestiques qui mangent des cerises et des raisins. Le friquet, ou moineau des champs, n'y touche point.

Voilà donc en quoi consiste la mission des *oiseaux granivores* dans l'économie de la nature, et par conséquent leur utilité très-importante. Celle-ci sauterait aux yeux de tout le monde, si l'on considérait à quelle courte durée est restreint l'espace de temps où ces oiseaux peuvent faire tort au blé, ou à la semence de quelques autres plantes cultivées. Combien plus considérable est, sans comparaison, tout le reste de l'année, où ils ne trouvent à s'en approprier que ce qui s'est égrené. Alors ils sont forcés de vivre presque exclusivement de semences de mauvaises herbes. Vraiment, il faut être d'un esprit bien borné et d'une avarice bien ingrate pour ne pas s'apercevoir de cela, et pour croire que tous les mangeurs de grains soient des créatures dignes d'être poursuivies !

Il n'y en a aucune qui soit plus innocente que les **Alouettes.** On est donc inexcusable d'en capturer des masses considérables dans toute l'Europe méridionale, et même encore aujourd'hui dans certaines contrées de l'Allemagne, surtout dans les environs de Leipsick. D'abord le nombre des espèces utiles d'oiseaux, qui vivent dans les prés et en plein champ, est loin d'être aussi grand et aussi varié que pour celles qui habitent les forêts et les buissons. C'est déjà une raison pour les ménager d'autant plus. Puis, malheureusement, les hommes, en labourant les champs, en fauchant les herbes à pâture et en fanant le foin, ne peuvent éviter d'y détruire continuellement beaucoup de nids de ces oiseaux placés à terre. De même font les bestiaux aux pâturages. Enfin il arrive que les oiseleurs, surtout en usant des filets de nuit, prennent avec les alouettes beaucoup d'autres oiseaux des champs et des prés, qui, pour la plupart, sont purement insectivores. Nous ne citerons que les pipits et la bergeronnette jaune.

Un grand dommage pour ceux de nos champs et prés qui avoisinent les forêts, et beaucoup plus encore pour les forêts elles-mêmes, résulte de la capture de diverses espèce de **Grives** et de **Merles**, exercée, hélas ! en tous les pays de l'Europe. Ce genre, nombreux en espèces, est aussi un chaînon important de l'ensemble. En voici une preuve :

La nature a eu grand soin d'opposer partout aux insectes des exterminateurs spéciaux, qui, en les combattant continuellement, se partagent la besogne selon leurs aptitudes particulières. Et il y a de tels adversaires non-seulement dans toutes les autres classes d'animaux, mais aussi parmi les insectes eux-mêmes. Là donc où l'homme ne dérangerait pas, par son imprudente manie de persécution, les sages dispositions de la nature, il n'arriverait jamais que ces exterminateurs spéciaux fissent défaut. Car le total en est réglé et ordonné de telle sorte que les uns dirigent leur action principalement contre telle espèce ou tel genre d'insectes, les autres contre tel autre ; qu'ils les poursuivent soit indistinctement, soit dans tel ou tel état déterminé de leur âge ou de leur vie. Ainsi, la plupart des insectes ont un grand nombre d'ennemis, qui leur font la guerre pendant qu'ils sont à l'état de larves, de chrysalides (nymphes), ou d'insectes parfaits, ou même encore dans les couvains (œufs). Rien donc ne reste sans poursuite, afin que rien ne s'augmente outre mesure, et ne cause aucun dégât tel qu'il puisse troubler d'une manière durable l'équilibre régnant dans l'économie de la nature. Bien au contraire, il y a même des remèdes tout prêts pour réparer les perturbations qui proviennent des influences atmosphériques. Toutes les forces vivantes qui concourent à ce but général de conservation du bon ordre, forment un ensemble si bien délimité et si bien calculé pour tous les cas possibles, qu'aucune partie n'en pourrait être distraite sans déranger l'équilibre. Cela peut se dire aussi des oiseaux insectivores et vermivores.

Ainsi, il y a des genres qui poursuivent les insectes, leurs larves et les vers, en courant ou en sautillant sur la terre, et cela le plus ordinairement ou même toujours en pleine campagne. A ceux-ci appartiennent : l'Étourneau, les **Hoche queues** et les **Pipits**, Farlouses ou « Pieuquettes » (qui sont un genre intermédiaire entre les Alouettes et les Hochequeues); de même les **Traquets** ou Motteux, Culs-blancs et **Tariers**. Les **Grives** et les **Rossignols**, le **Rouge-Gorge** et la **Gorge-Bleue**, opèrent de même dans les broussailles et dans les forêts. D'autres, au contraire, comme les **Fauvettes** et la plupart des **Rousserottes**, ne descendent guère ou point à terre; mais elles poursuivent les insectes en frétillant dans les buissons, dans les roseaux et dans le gazon à haute tige. Quelques-unes fréquentent aussi le blé, le colza et les légumes, voisins des haies et des bocages. Voyez le **Roitelet** commun ou « roitelet proprement dit », dont l'activité est tout à fait incessante. Le sol entre les grands arbres, les broussailles basses, mais serrées, et les haies d'épines, sont également à sa convenance, et surtout celles qui se trouvent dans le voisinage de l'eau. Les **Rouges-queues** s'occupent de la même chasse, tantôt en sautant, tantôt en voletant çà et là. Les **Pouillots** l'exécutent aussi en sautillant sur les arbres et les broussailles, souvent même en voletant; c'est-à-dire, qu'ils s'élancent sur les insectes qui volent à peu de distance, pour les happer en l'air. En cela, ils se rapprochent des vrais **Gobe-Mouches**, qui ne prennent régulièrement leur proie que de cette manière, et établissent ainsi le passage aux **Hirondelles.** Celles-ci, on le sait, ne font leur butin qu'en volant continuellement, çà et là, et en poursuivant les insectes de tous côtés. Mais très-fréquemment, et surtout quand le temps est frais et l'air agité, on les voit enlever aussi beaucoup de ceux qui se tiennent tranquilles sur les édifices, sur les buissons et sur les arbres, ou qui sont perchés sur le blé, le colza, les herbages et les fleurs. De cette manière, et en variant leur action selon les circonstances, elles opèrent sur une grande étendue et en des endroits très-divers. Les vraies hirondelles font leur chasse en plein jour; les grands **Martinets**, ou hirondelles des murailles, la continuent souvent encore dans le crépuscule; l'**Engoulevent**, ou l'hirondelle de nuit (« tette-chèvre » et « crapaud volant »), opère depuis la brune jusqu'à très-tard dans la soirée, et souvent même toute la nuit.

D'autres genres, qui peuvent s'accrocher par leurs griffes courbées et très-aiguës, s'adonnent au soin de rechercher le couvain d'insectes, surtout dans les broussailles et plus encore sur les arbres. Ils y détruisent principalement les œufs de papillons de toute taille.

Les **Roitelets huppés** ne cessent pas de les quêter, tantôt en s'attachant au bout des petits rameaux, tantôt en sautillant, et tantôt en voletant entre les touffes pendantes de feuilles aciculaires. Car ils choisissent toujours de préférence, et pendant l'été exclusivement, pour leur demeure, les bois ou les touffes d'arbres résineux, et surtout ceux de sapins.

Mais mieux qu'aucun autre oiseau, les **Mésanges** s'entendent à s'accrocher aux faibles branches, jusqu'à leurs ramilles

les plus flexibles, en y flottant elles-mêmes, suspendues dans toutes les positions possibles. Là, guidées par leur odorat extrêmement fin et leur vue perçante, elles sont à même de détacher les œufs de papillons qui s'y trouvent en partie collés aux branches, en partie cachés dans les bourgeons des arbres, ou enfoncés dans les gerçures de l'écorce. Elles les enlèvent par des coups de leur bec dur et tranchant. Au surplus, leurs diverses espèces se partagent le travail, selon les divers lieux qu'elles habitent. La *mésange à longue queue* agit principalement dans les broussailles de bois à feuilles ordinaires, et surtout dans ce qu'on appelle « basse forêt » ; le reste des espèces préfère les bois plus vieux et de plus haute futaie. La *charbonnière*, mésange *bleue*, et la *nonnette* ou mésange des marais, choisissent les forêts sèches ou marécageuses à feuillage ordinaire, ou celles de nature mixte (mêlées d'arbres résineux). La mésange des *sapins*, ou « petite charbonnière », et la mésange *huppée*, vivent uniquement pendant la saison des nichées, dans des bois noirs ou à feuilles aciculaires. Plus tard, cependant, aucune d'elles n'y regarde de si près. Alors il arrive souvent que presque toutes ensemble elles vont rôder, là où il y a le plus de couvains d'insectes, et où elles trouvent, pour cette raison, le plus d'occasions d'opérer utilement.

Ce que les mésanges font sur les rameaux menus et les faibles branches, le « grimpeur » ou **Grimpereau** et la **Sittelle** l'exécutent le long des troncs rudes des vieux arbres et aux grosses branches de grands.

Là, on les voit continuellement occupés à rechercher les petits monceaux d'œufs de papillons, déposés dans les fentes et crevasses de la vieille écorce. Ils y réusissent beaucoup mieux que les mésanges, quoique celles-ci en fassent aussi souvent l'essai, et non sans succès, même aux troncs ou sur les grosses branches. Dans ce but, le grimpereau imite tout à fait la manière des pics, en gravissant toujours les arbres de bas en haut. Et, en effet, il n'y a que la Sittelle ou le « Torche-pot » pour qui toutes les directions soient également bonnes. Elle grimpe et change de place avec la même agilité, n'importe dans quelle attitude. C'est avec tout autant de facilité, de sûreté et de vitesse qu'elle frétille à grands sauts, tantôt en haut, tantôt de côté, tantôt en bas, la tête en avant. C'est ce que ne peut faire même aucun vrai Pic, dont les mouvements sont, en général, beaucoup plus lents. Mais la Sittelle est encore à même, grâce à son bec dur, fort et très-compacte, de détacher la vieille écorce, en la martelant fort vivement, pour atteindre le couvain d'insectes. A la vérité, elle a moins de force à ce travail que même les moindres espèces de pics (les « pics bigarrés » ou « épeiches »); cependant elle en approche.

Maintenant, en considérant l'activité si diverse de ces divers genres d'oiseaux, et en nous rappelant ce que nous avons vu chez les mammifères, posons deux questions :

L'*ensemble* du grand *travail* des animaux utiles pour *combattre* les insectes nuisibles et les rongeurs, pour en prévenir toute multiplication démesurée, pourrait-il être mieux *arrangé* et réparti, ou *distribué* plus conformément au but, qu'il ne l'est en effet ? Que dire alors de l'imprudence de l'*homme*, qui le *dérange* continuellement en poursuivant les animaux destinés à cette tâche ? et cela si follement, même à présent, où ces auxiliaires sont réduits à un si petit nombre qu'ils ne peuvent plus y suffire.

Nous avons vu partout des mesures précautionnelles contre les vers, larves, limaces, etc., contre ceux qui vivent sous terre, et non moins contre ceux qui vivent au-dessus. Nous connaissons les manœuvres de la corneille freux, du choucas, de la huppe, etc., exercées en partie au-dessus de la surface du sol, en partie au-dessous. Les grives sont chargées d'une fonction à peu près intermédiaire. Elles vont surtout retourner et disperser le feuillage tombé, pour y découvrir leur butin, qui y est caché, et en outre les œufs des limaçons pondus au-dessous de ces feuilles pourrissantes.

L'**Étourneau** non-seulement fait quelque chose de pareil dans l'herbage des prés et des pâturages ; mais il soulève en même temps les grandes feuilles de beaucoup de plantes d'une manière très-singulière, au moyen du bec, de la tête et même de tout le corps, selon les circonstances. Ainsi, il sait spécialement extraire les limaces et les chenilles de racines ou « spondyles, » qui pendant le jour se réfugient bien avant sous le feuillage, par aversion pour la lumière du soleil. En examinant et touchant son plumage, on le trouve si particulièrement dur, lisse et allongé, qu'il diffère en ces points de celui de tous nos oiseaux indigènes. Il est donc bien apte à défendre l'oiseau qui le porte de l'humidité pendant son travail, en faisant glisser les gouttes de rosée et de pluie, et en résistant aussi au frottement causé par le contact incessant de l'herbe parfois très-rude. De plus, son vol, léger et rapide, lui vient en aide. Car il lui permet, même pendant la saison de sa propagation, d'aller à la recherche de sa nourriture plus loin que ne le peut faire aucun des oiseaux insectivores plus petits, sauf les hirondelles. Cela lui donne même la possibilité d'étendre la sphère de son activité à de grandes distances. Mais, après avoir niché et élevé les petits de ses deux couvées, il commence à vaquer régulièrement par bandes, partout où il trouve beaucoup d'ouvrage.

D'ailleurs, comme pour les autres *couveurs-en-creux*, il n'est pas difficile de *l'attirer* au printemps et de le retenir, c'est-à-dire de l'engager à se *fixer* et à *nicher*. A cet effet, pour lui comme pour les autres, on n'a qu'à suspendre, çà et là, aux arbres, des caisses d'une grandeur convenable, faites de morceaux de planche, ou de grands nœuds d'arbre creusés. Pour les oiseaux plus petits, tels que les mésanges, des morceaux de nœuds d'arbre de moindre grosseur suffisent. Seulement, il est bien nécessaire que tous ces appareils soient assez bien construits pour ne pas laisser pénétrer la pluie (1).

Nous avons mentionné plus haut que les dérangements, causés d'un côté par les *influences atmosphériques*, ne manquent pas de se *réparer* de l'autre côté, en sorte que la perte et le dédommagement se compensent. Et le plus souvent cela a lieu promptement, et par l'effet de la même cause.

C'est de la manière la plus simple que les choses s'arrangent pendant la partie la plus chaude de l'année. Un *printemps* ou un été chaud et sec, par exemple, et plus encore tous deux de suite, font prospérer les chenilles et la plupart des autres insectes; mais ils sont aussi non moins favorables à tous les oiseaux insectivores, aux musaraignes, etc., en leur facilitant la nutrition et l'éducation des petits. Comme la nourriture abonde, les uns pondent plus d'œufs, les autres font plus de petits, ou ils se reproduisent une fois de plus dans l'année. Un printemps

(1) Dans un opuscule particulier, *Instruction pour attirer et entretenir les animaux utiles*, je donnerai les descriptions détaillées de ces appareils et d'autres, accompagnées de figures en cinq tableaux lithographiés.

ou un été frais et humide ont un effet contraire. Ils font transir de froid et périr beaucoup de jeunes oiseaux, au moins de ces espèces qui ne couvent pas dans des creux, et bien plus encore de ceux dont les nids sont établis en pleine terre. Leurs œufs s'altèrent, et leurs petits meurent par l'humidité. Mais rien de plus pernicieux aux chenilles et à la plupart des autres insectes que cette disposition de l'air. Ainsi la perte des insectivores a moins d'importance. — Un *automne* doux et de longue durée favorise la multiplication des limaces ; et quelquefois leur nombre s'accroît tellement qu'elles deviennent très-dangereuses pour les champs de blé, dont on est obligé de répéter l'ensemencement. Mais en même temps, les adversaires de cette vermine sont aux aguets. Une semblable température permet en effet à leurs ennemis (au freux, à l'étourneau, au vanneau, aux pluviers, etc.) de prolonger d'autant plus leur séjour chez nous, pour lui faire la guerre. Alors, ces oiseaux nous restent jusqu'au commencement des gelées, où les limaces s'enfoncent dans le sol pour s'y engourdir.

C'est la manière la plus simple et la plus générale dont il est remédié, dans toute la nature, aux causes de désordre. Mais elle ne suffit pas dans tous les cas ; car il y en a quelques-uns où la réciprocité ne peut pas s'établir sitôt. Là, le secours de quelques autres moyens devient nécessaire.

Ainsi des précautions toutes particulières ont été prises contre les accidents, dont quelques genres d'oiseaux les plus utiles ont souvent à souffrir en hiver, par suite d'une sorte d'intempérie qui n'affecte pas la vermine, qu'ils sont chargés de poursuivre. Il arrive alors que, pendant quelque temps, la perte ne porte que sur un des deux partis ; et c'est sur celui des oiseaux bienfaisants. Mais la nature sait *compenser* ce malheur, et cela le plus tôt possible, *par* une *propagation* d'autant *plus nombreuse*, qu'elle a attribuée spécialement à ces mêmes genres d'oiseaux, avant tous autres.

C'est surtout pour les *mésanges*, les *roitelets huppés*, le *grimpereau* et la *sittelle* que ce danger se présente. Voici comment :

En hiver, si le temps est nébuleux, ou alternativement doux et froid, il en périt un grand nombre par l'influence du givre et du verglas, qui couvrent souvent et pour plusieurs jours de suite tous les rameaux, les branches et même un côté du tronc des arbres, au point de cacher à la plupart de ces oiseaux presque toute sorte de nourriture. En ce cas beaucoup meurent littéralement de faim. Au contraire, en ce même temps de l'année ni humidité, ni froid, ni givre, ni verglas ne font le moindre tort à la vermine, qui alors est engourdie, c'est-à-dire ensevelie dans un profond sommeil d'hiver, accompagné de torpeur (1). Les œufs d'insectes en souffrent encore moins. Il en reste ainsi d'autant plus que les oiseaux, destinés à les anéantir, auront été plus malheureux. Mais en revanche ceux-ci jouissent d'une fécondité plus grande qu'aucun autre oiseau. Ils se propagent donc tous en nombre extraordinaire, mais particulièrement dans les printemps qui succèdent à un hiver rigoureux, ou spécialement malheureux pour eux. En ce cas, ceux d'entre eux qui ont eu le bonheur de conserver la vie, donnent des preuves d'une fécondité étonnante. Cela résulte naturellement de ce qu'ils trouvent plus d'aliments que de coutume, parce que leurs compagnons, qui ont péri en grand nombre, n'ont pu en consommer autant qu'il aurait fallu, car de même que nous l'avons déjà vu chez les chouettes, tous les animaux en général se propagent plus abondamment, quand leur nourriture est copieuse. Et justement les oiseaux insectivores, qui viennent d'être indiqués, surtout les mésanges, pondent plus d'œufs que nuls autres. Ils en produisent pour la première couvée de huit à dix au moins, les mésanges même de douze à quinze ; et ils en reproduisent au moins les deux tiers à la deuxième nichée, qu'ils font régulièrement lorsqu'il y a beaucoup d'aliments. C'est ainsi qu'ils élèvent alors, en deux fois, bien plus de petits que même la plupart des oiseaux gallinacés, qui sont les plus féconds parmi les autres genres. Car ceux-ci ne pondent guère plus d'œufs que la mésange à sa première couvée, et, sauf peut-être la caille, ils n'élèvent jamais de petits plus d'une fois par an.

Quel dommage, par conséquent, doit-on causer par la destruction d'un seul nid de mésanges, si l'on considère combien d'insectes chacune d'elles consomme chaque année !

Anciennement, on croyait déjà devoir en évaluer le nombre

(1) La susceptibilité des chenilles, dont nous venons de parler, se borne à la partie plus chaude de l'année, si alors il fait souvent frais ou beaucoup de pluie, quand elles muent.

à deux ou trois cent mille pour le moins. Cependant il s'en faut de beaucoup que cette supposition approche de la vérité. Cela se comprend d'autant mieux que les mésanges, le grimpereau et la sittelle, pendant la plus grande partie de l'année, vivent préférablement de couvains d'insectes, surtout d'œufs de papillons. Mais en nombre moyen vingt mille de ces œufs, provenant des espèces d'une grandeur moyenne, ne pèsent que seize grammes. C'est la proportion que donne le bombyx du mûrier (papillon de ver à soie), et la « nonne », ainsi nommée à cause de sa couleur, et si fameuse pour être la pire dévastatrice des bois de sapins, mais qui assez souvent attaque aussi les pins proprement dits (1). Cependant chaque oiseau insectivore en général, et même dans la captivité, où il ne peut guère se livrer au mouvement, a besoin chaque jour environ d'autant de nourriture qu'il pèse lui-même. En liberté, et en plein air, cette quantité ne lui suffit pas ; il ne pourrait surtout s'en contenter dans les longues journées d'été, où la sustentation de sa progéniture l'accable d'affaires. Or, une mésange de grandeur moyenne, telle que la mésange bleue, est pour l'ordinaire du poids de douze grammes ; elle aura donc besoin d'autant de nourriture. Mais, afin d'éviter toute exagération de calcul, ne supposons pas plus de huit grammes pour les courtes journées d'automne et d'hiver. Dans ce cas encore, la quantité qui lui est nécessaire chaque jour, ne serait pas moindre de dix mille œufs de papillons de médiocre grandeur ; et, par conséquent, deux cent mille ne lui suffiraient que pour vingt jours environ, s'il arrivait de temps à autre qu'elle fût réduite exclusivement à cette sorte d'aliment. Cependant, ces « vingt jours » ne feraient que la dix-huitième partie de l'année. En d'autres termes, quand même ces œufs d'insectes ne feraient en tout que la « dix-huitième partie » de la nourriture de la mésange, elle en consommerait deux cent mille par an. Mais, en réalité, il est sûr qu'elle en consomme déjà en été plus que la « dix-huitième partie, » quoiqu'alors elle aime beaucoup mieux chercher de petites chenilles, etc., surtout pour en pourvoir ses petits. En

(1) A l'égard du bombyx du mûrier, les personnes qui se livrent à l'éducation des vers à soie, connaissent très-exactement cette proportion de nombre d'œufs, parce qu'elles doivent régler leurs dispositions là-dessus. Quant à la nonne, ce sont les agents forestiers qui ont cherché à s'en rendre compte, en faisant souvent recueillir les œufs pour les détruire.

automne, au contraire, et beaucoup moins encore en hiver, elle ne peut s'empêcher de modifier essentiellement ce régime. Alors les œufs se montent, en général, pour le moins au sixième, souvent même au quart, et de temps à autre certainement au tiers de sa nourriture totale. En comparaison, le grimpereau et la sittelle en dévorent encore davantage en toute saison ; et ils les trouvent aisément. Car, en furetant toujours autour des vieux troncs des arbres, ils font leurs recherches précisément là où les papillons femelles de beaucoup d'espèces déposent leurs œufs, non pas isolés ou en petit nombre, mais bien par petits monceaux. Quant à la quantité d'aliments, le grimpereau n'en a pas un besoin moins grand que les mésanges ; à la sittelle, il en faut le double.

Maintenant on demandera probablement *où* et *quand*, selon les époques et les localités, tous ces oiseaux peuvent trouver un nombre si excessif d'œufs de papillons ?

La réponse à cette question a été donnée par les cas de dévastations énormes causées par des chenilles, qui se sont renouvelées pendant les années 1855 et 1856, surtout dans les parties orientales de la Prusse. A cette occasion on a essayé aussi, çà et là, au moins dans les forêts de l'État, de recueillir les œufs de la « nonne ; » et d'ordinaire deux jours par semaine sont fixés pour déposer les œufs rassemblés ainsi. Eh bien, il est arrivé alors en Silésie, par exemple, à l'époque la plus favorable à cette recherche, qu'on a remis à plusieurs verderies supérieures en une fois, et un même jour de livraison, la masse totale de quatre boisseaux. Il en résulte, d'après un calcul peu difficile, un nombre de plus de cent quatre-vingts millions d'œufs. Plus avant vers la haute Silésie, à la frontière de l'Autriche, dans l'enceinte d'une seule verderie supérieure, celle de Dombrovka, on en a reçu cent dix-sept kilogrammes en neuf semaines pendant l'automne. C'étaient donc près de deux quintaux et deux tiers; et l'on pensait bien en amasser encore environ un quintal plus tard. Le tout ensemble, pour ce second cas seulement, aurait représenté plus de deux cent dix millions d'œufs.

Selon la grandeur d'un arbre, il suffit ordinairement de deux, trois, quatre ou cinq mille chenilles au plus, pour le dégarnir de son feuillage et pour le faire mourir, quelquefois dès la première année, mais assurément dans la seconde, si alors ce dépouillement se réitère. Il est en ce cas étouffé, par sa séve, mise hors de circulation. Dans la province de l'est de la Prusse, il a fallu abattre alors, dans les forêts de l'État (abstraction faite de toutes les forêts particulières), plus de trois millions de toises cubes de bois de sapins, contrairement à toutes les règles d'exploitation forestière ; car la plupart étaient encore trop jeunes. Cette triste mesure était indispensable, parce que les arbres, dépourvus de leurs feuilles aciculaires, allaient dépérir. En même temps l'abondance du bois, mis ainsi tout à coup en vente, en fit baisser le prix de plus de moitié.

Quant à l'*origine* de tout le *mal* et à l'étendue de ses *conséquences*, faisons une comparaison des temps passés avec l'époque actuelle.

Autrefois, alors que la population était encore peu nombreuse, c'était l'oisellerie industrielle qui, pratiquée chez nous aussi, comme métier, pendant des siècles, faisait égorger, à chaque automne, un nombre infini d'oiseaux utiles, et qui aidait ainsi de plus en plus aux dégâts occasionnés par les chenilles, les vers, etc. De nos jours, cette détestable industrie a cessé assez généralement ici ; et, quant aux amateurs, il n'y en a jamais eu que très-peu, ou même aucun. Mais le contraire se produit de plus en plus dans le midi de l'Europe, c'est-à-dire dans tous les pays où nos oiseaux de passage doivent se réfugier à l'arrière-saison. Là, l'oisellerie de toute sorte n'a pas cessé, depuis plusieurs siècles, d'être une affaire principale pour un nombre infini de fainéants, qui l'exercent avec un raffinement tout à fait inconnu ailleurs. Elle est, dans ces pays, l'objet d'une passion presque générale, on pourrait dire nationale, qui va en s'augmentant, à mesure que le nombre d'habitants s'accroît. Chez nous Allemands, du moins, l'exercice industriel de ce grossier désordre, apporté dans les arrangements et dispositions les plus sages de la nature, va se restreindre de plus en plus, mais pour une cause bien fâcheuse. Car cette diminution a eu lieu parce qu'ici l'oisellerie de profession rapporte à présent trop peu de profit pour qu'on en fasse encore un métier particulier. Tant le nombre d'oiseaux chez nous, et dans les pays situés plus au nord de l'Europe, s'est amoindri successivement par les massacres qu'on en fait dans le Midi.

Cependant, à regarder la chose sous un autre point de vue, la situation, même chez nous, loin de s'améliorer, va de mal en pis. C'est parce qu'on manque encore de prohibitions sévères et de défenses énergiques, légales et universelles, contre toute capture d'oiseaux, tandis que le nombre des hommes va toujours croissant. Ainsi dans les campagnes on peut compter, par deux maisons, au moins un jeune garçon qui prend par an une demi-douzaine et souvent beaucoup plus d'une douzaine entière de rouges-gorges, de mésanges, de roitelets, de rouges-queues, etc., pour s'en amuser quelque temps et les laisser périr, après une captivité de courte durée. Hélas ! il y a même beaucoup d'hommes qui en font autant. On doit considérer, en outre, le nombre excessif de nids pillés et détruits par l'imprudence des enfants et par la méchanceté des hommes âgés.

Ce serait donc certainement rester au-dessous de la vérité que d'admettre pour nos pays un nombre de petits oiseaux utiles, ainsi détruits, égal à la moitié du nombre des habitants. Toute l'Allemagne, dans ses frontières fort mal définies, compte de quarante à quarante-cinq millions d'habitants ; nous aurions donc au moins de vingt à vingt-cinq millions d'oiseaux insectivores sacrifiés ainsi chaque année. Supposer sérieusement que la vie de dix mille insectes nuisibles soit sauvée, pour l'année suivante, par la mort de chaque oiseau insectivore et vermivore périssant ainsi, serait un calcul ridicule par son extrême modération ; car cela ne ferait par jour qu'environ vingt-cinq pièces, d'une taille appropriée à celle de l'oiseau lui-même. Mais, en réalité, il en consomme davantage seulement à son déjeuner. Que serait-ce donc, surtout en été, pour tout le reste de la journée ? Malgré cela, en admettant ce compte, six à dix fois trop faible, il en résulterait une somme de dix mille fois vingt millions, c'est-à-dire de deux cent mille millions, ou de deux cents milliards d'insectes et d'autre vermine, dont la vie serait ainsi conservée. Et cette multitude ne serait que la plus petite partie, par rapport à l'ensemble. Car il faut considérer en même temps la masse tout à fait incalculable que forment les insectes, vers, limaces, etc., lorsqu'ils se multiplient librement par suite de la destruction des oiseaux utiles, destruction qui entraîne aussi la perte de tous les petits, qu'ils auraient procréés. Et cette masse nouvelle de vermine sera dix à vingt fois plus grande que celle de la première origine, du moins si la température en favorise la propagation.

Cette réflexion nous ramène aux mésanges en particulier. Supposons que chacune d'elles ne dévore, en effet, que deux cent mille insectes ou œufs d'insectes par an, il s'ensuivrait, même alors, que si, dans toute l'Allemagne, on ne prenait aucun autre oiseau, mais seulement une mésange par cinquante habitants, cela suffirait déjà pour sauver les deux cent mille millions de chenilles ou d'autres insectes, et la quantité de leurs œufs, que nous avons indiquée.

Et comment, surtout autrefois, en usait-on avec ces oisillons? Pendant des siècles, il a existé partout ce qu'on appelle des « huttes aux mésanges, » où l'on prenait, chaque année, des milliers de ces oiseaux, et, jusqu'au commencement de ce siècle, quelques centaines, pour les manger ou pour les vendre aux friands. Il y a même encore aujourd'hui, çà et là, chez nous, de tels établissements, véritables coupe-gorges. Et ces massacres, que rapportent-ils à celui qui les commet? Ordinairement, pas plus de un ou deux centimes par pièce. Un centime pour un petit animal qui nous délivre chaque année non-seulement de centaines de milliers de chenilles, encore à l'état d'œufs, mais qui les recherche aussi, le plus souvent, dans des endroits inaccessibles à l'homme, aux pointes extrêmes des branches d'arbres, et là où ils sont invisibles pour nous, cachés qu'ils sont bien avant dans les bourgeons. Quelle folie donc de se priver si imprudemment de l'activité tout à fait impossible à suppléer de pareils auxiliaires!

Rien ne peut être plus juste et plus opportun que l'idée de la loi de Schwarzbourg, laquelle impose expressément, pour l'établissement des huttes aux mésanges, des punitions plus sévères que pour aucune autre partie de l'oisellerie.

En terminant ici la revue des plus petites espèces d'oiseaux utiles, considérons les autres.

Les **Pigeons** *sauvages*, et beaucoup plus encore les pigeons *domestiques*, ont du nombre des animaux dont la grande utilité a, jusqu'à présent, été généralement méconnue, même par beaucoup de nos agriculteurs. C'est parce qu'ils sont granivores, comme les mangeurs de grains, que nous avons mentionnés parmi les oiseaux chanteurs.

Mais, de même que ceux-ci, les pigeons ne vivent, eux aussi, presque toute l'année, que de *semences de mauvaises herbes*. En effet, il n'y a qu'une partie très-limitée de l'année où ils se nourrissent et puissent se nourrir de grains de blé, de légumes, etc., qui se sont déjà égrenés, ou qui se perdraient autrement. En dévorant ces grains, ils ne causent aucun préjudice. Bien au contraire, ils les utilisent au profit de l'homme, par la chair de leurs petits. Ils lui rendent encore un plus grand service, en consommant les semences des *vesces* sauvages, du *bluet*, du *gerzeou* (appelé faussement nielle), et de quelques autres plantes nuisibles, que d'ordinaire aucun des petits oiseaux ne mange. C'est ainsi que non-seulement ils détruisent le mauvais germe, mais qu'ils le convertissent aussi en bien ; c'est-à-dire, en chair de pigeonneaux. Et quel est le nombre de ces petites semences, par exemple de celles de vesces sauvages, consommées par ces oiseaux? Un observateur allemand, très-exact, du duché de Nassau, en a compté deux mille à deux mille cinq cents dans le jabot de jeunes pigeons, tués quand ils venaient d'être gavés par les vieux. Et ils reçoivent deux repas par jour. De plus, ces oiseaux aiment à rechercher les semences vénéneuses des diverses espèces d'*ésule*, qu'aucun autre animal ne peut manger impunément. Les pigeons seuls, très-avides de ces graines, en consomment de grandes quantités, tant pour eux, que pour en gaver leurs petits. Et il n'en résulte aucun mal, ni pour eux, ni pour leurs jeunes, ni pour les hommes qui en mangent la chair. Il est donc évident que les pigeons ont, eux aussi, une destination toute spéciale, outre celle qui leur est commune avec la plupart des autres granivores.

Quant aux **Perdrix**, tout agriculteur ne peut que désirer leur multiplication. Il devrait bien se réjouir si les chasseurs ou les propriétaires tendaient à en augmenter le nombre, en les ménageant, en les protégeant, et en leur préparant des abris (1).

Elles ne causent pas le moindre tort au cultivateur. Au contraire, elles lui sont très-utiles, en détruisant autant d'insectes, de vers, de limaces et même de petits limaçons, que de semences de mauvaises herbes. Elles acquièrent par là beaucoup

(1) Cela se rapporte à l'Allemagne, à la Grande-Bretagne, etc. La chasse y est réservée au propriétaire du sol, et, en quelques endroits, aux communes, mais interdite à tout autre. On la considère comme une dépendance du « droit de propriété. »

plus d'importance pour le possesseur du terroir, qu'elles ne valent ou ne peuvent valoir, pour le chasseur, par leur chair ou comme objet de vente. Le premier pourrait, en effet, les payer bien plus cher pour les voir conservées, que le dernier ne les vendra. Le plaisir que celui-ci trouve à leur faire la chasse, on doit le lui laisser sans envie. C'est donc dans l'intérêt commun (non pas seulement parce que les lois de chasse l'ordonnent) qu'on doit protéger et ménager partout, autant que possible, les nids de ces oiseaux.

ous en disons autant pour ceux de la **Caille.** On ne peut assez déplorer qu'une multitude vraiment innombrable de ces petits gallinacés soit prise, pendant leur émigration, sur toutes les côtes de la Méditerranée.

Mais un oiseau qui mérite tout particulièrement d'être affranchi de toute poursuite, c'est le **Roi des Cailles,** « râle de blé » ou « de genêt ». Car il ne se nourrit pas d'autre chose que d'insectes, de limaces et de vers, surtout de vers de terre. De plus, il se distingue par une voracité qui ne le cède guère à celle de la taupe.

Les **Vanneaux,** les **Pluviers,** les **Courlis,** et tous les autres oiseaux qui appartiennent à la grande famille naturelle des **Bécasses,** ont à peu près le même régime. Ils sont de ceux qui se rendent fort utiles, sans jamais faire aucun dommage.

On ne peut donc blâmer assez sévèrement qu'il soit encore permis de dénicher les œufs de vanneau pour les manger, et de les apporter sur les marchés publics. Car le mal qu'on tolère ainsi, en fait naître un plus grand. Plus le nombre des vanneaux a diminué depuis quelque temps (du moins en beaucoup de contrées), plus il se fait de fraudes avec tous les œufs bigarrés qui ressemblent à ceux du vanneau, mais qui proviennent d'autres oiseaux, tenant à sa parenté, ou à celle des bécasses, et non moins utiles que lui-même. On ravit ceux de toutes ces espèces, afin de les vendre sous le nom d'œufs de vanneau. Et malheureusement ils sont tout aussi bons. Mais, en vérité, il ne peut y avoir de manière d'agir plus contraire à la nature, et plus *indigne* de l'*homme raisonnable*. Il faut être extrêmement borné et honteusement égoïste pour *s'imaginer* que *tout* ce qu'il y a de *comestible* ou de *savoureux* doit exister principalement, ou même exclusivement, dans le but de *servir d'aliment à l'homme !*

III. — AMPHIBIES. — REPTILES.

Il n'y a pas de classe d'êtres que les hommes, pour la plupart, haïssent ou craignent plus et « comme par principe, » et qu'ils poursuivent autant, que les amphibies et les reptiles. Et pourtant il n'y a pas une classe qui contienne dans nos climats moins d'animaux nuisibles, et autant de genres généralement utiles.

En effet, il n'existe parmi eux qu'un seul genre qui nuise quelquefois à l'homme, et plus souvent à nos animaux domestiques dans les pâturages, par sa morsure venimeuse, et qui mérite ainsi d'être poursuivi sans relâche. Ce sont les Vipères. Pourtant elles aussi se rendent utiles, parce qu'elles vivent exclusivement de souris; et c'est pour s'en emparer que le poison leur vient en aide. Car, étant peu actives et peu agiles, elles épient les souris et s'en approchent lentement, avec beaucoup de précaution, afin de les blesser de leurs dents venimeuses. Après cela, se glissant doucement sur leurs traces, pour les rechercher et les dévorer, elles les trouvent déjà mortes par l'action rapide du venin.

La **Couleuvre** à *collier*, qui n'est pas venimeuse, mais beaucoup plus agile et souvent beaucoup plus grande, rend le même bon office; ses congénères, dont l'Europe méridionale a plusieurs espèces, ne sont pas moins utiles. Elles attrapent et mangent assez fréquemment les souris, sans pour cela avoir besoin de venin et sans en posséder.

Mais aucun de nos reptiles ne pourrait être moins venimeux, et par là moins dangereux, que l'**Orvet.** Beaucoup de gens, mal informés, l'ont pourtant voulu rendre suspect, comme tout animal que l'on dit ou croit serpent. Au surplus, l'orvet n'est pas un vrai « serpent. » L'absence de pieds ne suffit pas pour en faire un serpent, puisque tous les autres caractères de ceux-ci, beaucoup plus importants, lui sont absolument étrangers. Il n'est en vérité qu'un lézard sans pieds; seulement sa forme le fait ressembler aux serpents.

Les **Crapauds** mêmes et les **Salamandres** terrestres, quoique pourvus de quelque matière venimeuse, ne sont aucunement nuisibles. Au contraire, ils sont encore plus inoffensifs pour l'homme que les abeilles domestiques, les bourdons et les guêpes, dont l'aiguillon est rempli d'un venin beaucoup plus énergique. Car le suc âcre, visqueux, à odeur forte et très-fétide, qui est contenu dans les vilaines pustules des crapauds et des salamandres, ne fait que rougir la peau de l'homme, qui les saisit à main nue. (Mais quel besoin a-t-on de les manier ?) Les effets de cette humeur, pareils à ceux du venin, se bornent à la bouche, au gosier et à l'estomac d'autres animaux, en les faisant vomir, si on leur a poussé par force un crapaud au bas de leur jabot. Mais spontanément les carnivores ne les touchent pas, même quand ils sont pressés par une faim extrême. Cette matière préserve donc les crapauds et les salamandres d'être attaqués par les animaux rapaces. On peut voir en cela un arrangement bien sage, puisqu'ils se rendent très-utiles en exterminant les larves des insectes et des vers.

Enfin, et sauf seulement la tortue terrestre du sud de l'Europe, ni les mâchoires, ni les dents, ni l'estomac de nos amphibies ne sont formés ou organisés pour arracher, mâcher et digérer des matières végétales. Il est donc évident que presque aucun de ceux de nos contrées ne peut attaquer les plantes ; mais tous ne vivent et ne peuvent vivre que d'insectes, de larves et de vers, ou d'autres petits animaux. C'est seulement à saisir ceux-ci que leur servent leurs dents. Quant aux **Tortues**, qui n'ont point de dents, mais dont les mâchoires cornées sont assez tranchantes, comme celles de beaucoup d'oiseaux, l'espèce de *marais* aussi ne se nourrit que de petits animaux.

Ainsi le régime des **Lézards**, des salamandres de terre et d'eau, est exclusivement de nature animale. Il en est de même pour les **Grenouilles** terrestres et aquatiques.

D'après cela à présent, où le nombre des animaux insectivores et vermivores est si malheureusement réduit, on ne doit plus faire un mérite à la couleuvre à collier de dévorer les grenouilles, non plus qu'au putois, aux cigognes et à quelques oiseaux de proie, de prendre souvent des grenouilles, des lézards, des couleuvres et des orvets. Cependant ils sont plus en droit de leur faire la guerre que l'homme.

IV. — INSECTES.

Un grand nombre de leurs genres et une foule innombrable

de leurs espèces se rendent fort utiles comme *insectes de proie*, en se nourrissant d'autres insectes qui dévorent quelques parties des plantes, ou qui les affaiblissent en les épuisant de sucs. De même il y a d'*autres* genres qui coopèrent très-avantageusement à la *fécondation* des *végétaux* pendant la floraison.

Malheureusement, la plupart des uns et des autres, par leur manière de vivre, sont mis hors de portée de la protection de l'homme. En effet, bien qu'ils existent plus ou moins partout, et quelquefois même en nombre très-considérable, ils ne vivent jamais que séparés, et ne se tiennent pas en société. L'homme ne peut donc rien faire en leur faveur. Mais on devrait protéger et ménager, autant que possible, le petit nombre de ceux qui mènent une vie sociale et commune.

Ainsi les **Fourmis**, quoique n'étant pas insectes de proie dans un sens exclusif, méritent bien d'être conservées. Car le mal qu'elles font à quelques fruits, au miel, au sucre, etc., n'est que peu de chose ; et quand elles entrent dans les édifices, attirées par quelque friandise, il est facile de les en chasser. (Un peu de cendre, répandue en travers de leur chemin, suffit pour cela, surtout si on l'a mêlée d'une petite quantité de suie.) D'abord elles sont ennemies des pucerons, qui se multiplient souvent à l'excès et plus que tout autre insecte, quelquefois au point de gâter entièrement les pois, les vesces, les lentilles, les grandes fèves, et presque entièrement les choux et les jeunes pousses des rosiers. De même les fourmis exterminent un très-grand nombre des plus mauvaises chenilles, qu'elles tuent ordinairement tout de suite, dès que celles-ci sont écloses. Quand cela n'a pas eu lieu, elles attaquent aussi les vieilles. Reconnaissant ce bienfait, nos forestiers interdisent, avec raison, de piller ou de troubler les fourmilières dans les forêts. D'autre part, les campagnards, en divers lieux de l'Allemagne, et particulièrement en France, les ont quelquefois déterrées et portées en masse sur les champs de choux et de raves, pour en voir extirper les chenilles (1).

(1) Du reste, ce moyen ne doit être aucunement recommandé ; car les fourmis, ainsi dispersées et sans abri, ne peuvent pas se rassembler et ne tardent pas à périr dans cet isolement. Mais il est bien facile de garantir autrement les choux de toutes chenilles. C'est en semant de chanvre un sillon, toutes les cinq ou six raies, ou en plongeant çà et là un grain isolé au dos des couches. L'odeur pénétrante des plantes du chanvre engourdit tous les insectes ; elle détourne aussi les papillons des choux et les empêche d'y venir pondre leurs œufs. Alors ils déposent leur couvain sur

Les *abeilles* et les *bourdons* sont extrêmement utiles, sinon absolument nécessaires, pour *féconder* les *fleurs* des plantes. En y plongeant leur trompe, afin de sucer le miel, ils enlèvent un peu de pollen et le transportent sur le stigmate du pistil. Dans les fleurs plus grandes, ouvertes ou étalées, ils se roulent, afin de faire adhérer à la partie concave au côté extérieur de leurs jambes de derrière une petite quantité du pollen, qu'ils emportent à leur habitation.

Chez les **Bourdons**, il n'y a malheureusement qu'un très-petit nombre qui survivent à l'hiver, pour servir de souche l'année suivante. Tout le reste, vingt fois plus nombreux, meurt en automne. Il faut donc qu'ils se multiplient de nouveau peu à peu au printemps, afin de pouvoir opérer plus tard en été. Ils le font avec beaucoup de succès aussi sur telle et telle espèce de végétaux, où les abeilles ne sont guère, ou même point du tout, capables d'agir, étant inférieures en grandeur, et ayant la trompe à proportion plus courte. Il en est surtout ainsi pour le *trèfle rouge* (au contraire de la petite espèce blanche ou rampante), et pour toutes les espèces de *légumes* de quelque grandeur.

Les *bourdons terrestres* font assez souvent leur demeure entre de grandes pierres entassées, ou dans des trous formés par les rochers, là où ils en trouvent. Or, dans la plupart des contrées de plaines il n'y a ni les uns ni les autres. Mais leur domicile le plus commode, et pour cela le plus recherché, ce sont partout et toujours les vieilles habitations des taupes, après que celles-ci les ont abandonnées. Ces chambres et galeries semblent précisément avoir été construites, disposées et garnies pour eux. Si donc on protége les taupes généralement, comme il est de raison, il s'ensuivra que le nombre de ces espèces de bourdons recommencera bientôt à augmenter de lui-même.

Les *bourdons de mousse*, au contraire, restant toujours au-dessus de la terre, se construisent des nids dans la mousse, là où il y en a sous des broussailles. En champ nu, ils ne peuvent pas s'établir. En ce qui les concerne, on voit la fâcheuse influence de ce penchant excessif pour un dénûment total, si répugnant à la nature et à la beauté du paysage, qui a conduit la plupart

d'autres plantes, où les petites chenilles écloses meurent par défaut de nourriture, puisque le chou est la seule qui convient à leur nature.

de nos cultivateurs à ne presque plus tolérer aucun arbuste sur les lisières des champs. Car cette déplorable manie a eu, en même temps, le malheureux effet de décimer de plus en plus les bourdons de mousse, et de les faire périr presque entièrement dans beaucoup de cantons. Mais ils ne tarderont pas à se reproduire en plus grand nombre, si l'on se résout à enclore les champs par des haies vives d'épines, ou à rétablir d'autres « plantations d'abri, » qui sont également si avantageuses aux terres cultivées. Il est bien fâcheux que la plupart de nos paysans n'aient pas encore une idée de cette utilité.

Les **Abeilles** seules, en faisant une provision aussi riche que possible de miel et de poussière séminale, pour s'en sustenter pendant l'hiver, se mettent à même d'être prêtes à opérer en grand nombre, dès que le printemps commence ou s'annonce par quelques jours doux et par un beau soleil.

C'est là surtout ce qui les rend inappréciables. Car elles sont alors presque les seules parmi les insectes qui viennent effectuer ou bien assurer la fécondation des fleurs de tous nos *arbres à fruit* et des meilleures espèces d'arbres forestiers. C'est ainsi qu'elles remplissent une partie très-importante de leur service, à une époque où les autres insectes, qui aussi fréquentent les fleurs, sont encore réduits à un trop petit nombre. Plus tard, ce sont encore elles qui, en concurrence avec les bourdons, fécondent à peu près tous les *végétaux* à semences *oléagineuses*, tels que le colza, le sénevé, etc., de même que le trèfle blanc ou « rampant, » et une infinité d'autres plantes.

Ils sont donc nécessaires tous deux. Car, bien qu'ils opèrent en commun sur un grand nombre de végétaux en fleur, néanmoins les uns et les autres ont encore leur sphère d'activité particulière et propre. Cette sphère diffère même par sa hauteur dans l'air. Les bourdons se tiennent en bas, peu au-dessus de la terre ; les abeilles volent jusqu'à la cime des arbres les plus élevés. En outre, les meilleurs observateurs se sont convaincus qu'elles n'hésitent pas à franchir une distance d'un demi-mille, ou même encore plus, pour aller chercher une bonne et riche pâture, là où elle se trouve. Les bourdons se restreignent à leur voisinage. Par conséquent, les uns ne peuvent pas être remplacés complétement par les autres.

Ménageons donc les *bourdons* où cela se peut, et protégeons les *abeilles sauvages* où il y en a encore ; mais, avant tout, *multiplions* les abeilles *domestiques* autant que possible. Faisons-le même dans les endroits où elles ne rapportent pas autant de miel et de cire que sur d'autres points. Car ces produits, quoiqu'ils donnent un profit accidentel très-agréable, sont assurément bien peu de chose, mis à côté des intentions grandioses et largement étendues que la sagesse de la nature a jointes à l'opération de recueillir le miel et la poussière séminale des plantes. En réfléchissant à ces intentions providentielles, on ne pourra mettre en doute l'avantage vraiment capital des abeilles et de leur éducation. Il suffit de savoir, en effet, que chaque abeille, de même que chaque bourdon, en allant chercher sa pâture, féconde chaque jour des milliers de fleurs.

Jadis il y avait dans les forêts infiniment plus d'abeilles sauvages qu'on n'en entretient à présent de domestiques. Leur coopération si utile nous manque d'autant plus. Il n'y a donc point de quoi s'étonner qu'à présent nos chênes, nos hêtres et quelques autres arbres de forêt portent généralement si peu de fruits et de semences. Avec le temps, et en raison du nombre croissant des hommes, il a été nécessaire que l'agriculture et le jardinage s'étendissent extraordinairement. Rien que pour ce motif, on devrait entretenir maintenant encore plus d'abeilles domestiques qu'il n'y en avait autrefois de sauvages, suivant le cours de la nature. Il est d'autant plus urgent que les dernières soient remplacées, qu'il y a manque de bourdons, qui jadis, par cela seul qu'ils ne fréquentent guère ou point du tout les arbres, même les plus bas, opéraient d'autant plus sur les champs et les autres lieux découverts.

Après avoir interverti l'ordre des choses pendant des siècles, cessons enfin la destruction légère et imprudente des animaux utiles, et revenons à les protéger.

Prenons bien en considération que tout ce qui est contraire au cours de la *nature*, est aussi contraire à la souveraine sagesse du Créateur lui-même, et qu'une telle opposition ne peut être que folie. Eh bien ! défaisons-nous de cette folie, et rendons hommage à ce qui se manifeste si évidemment et si admirablement dans toute la création : à *la raison !*

Alors les choses ne tarderont pas à reprendre une meilleure

tournure, les dévastations incessantes, causées à présent sur tant de points, tantôt par la petite vermine, tantôt par les souris, même souvent sur des États entiers, s'amoindriront peu à peu de même que jusqu'ici elles se sont accrues. Finalement, — peut-être d'ici à vingt ou trente ans, — il n'y aura plus de dégâts de quelque importance, qui puissent être sensibles pour aucun propriétaire en particulier, et moins encore pour le bien-être général du pays entier. Car, bien heureusement, tout l'univers, placé depuis sa première origine sous une main suprême, a été organisé de manière à favoriser puissamment chaque tendance raisonnable de l'homme.

Le même effet suivra certainement la protection des animaux utiles, si on la règle conformément aux lois immuables de la nature.

Alors, *une année* de raison suffira à *réparer* plus de maux que la *folie* antérieure de l'homme n'en avait produit en *dix ans*.

Que chacun se hâte donc d'y contribuer pour sa part, autant qu'il lui sera possible !

FIN.

LE LIVRE
DE LA FERME
ET
DES MAISONS DE CAMPAGNE

PAR

MM. JOIGNEAUX, C. ALIBERT,
CH. BALTET, E. BALTET, BAUDEMENT, Victor BORIE, Dr CANDÈZE,
CAUMONT-BRÉON, J. CHERPIN, Dr CLAVEL, E. DELARUE,
E. FISCHER, FOUQUET, HAMET, HARIOT, L. HERVÉ,
KOLTZ, DE LA LOYÈRE, J. LAVALLE, LHÉRAULT-SALBŒUF,
Alexis LEPÈRE, MAGNE, H. MARÈS, Émile MARTIN,
P. E. PERROT, PONS-TANDE, ROSE-CHARMEUX,
A. SANSON, DE SÉLYS-LONGCHAMPS,
DE VERGNETTE-LAMOTTE, etc., etc.

Sous la direction de M. P. JOIGNEAUX.

Deux volumes grand in-8 jésus d'environ 1,000 pages chacun, imprimés sur deux colonnes, avec figures dans le texte.

Prix : 30 francs.

L'ouvrage est publié en 12 fascicules du prix de 2 fr. 50.

Il n'existait pas de livre qui résumât, aux points de vue théorique et pratique, le vaste ensemble de connaissances qu'exigent toutes les branches de l'industrie agricole. Les œuvres si remarquables des principaux agronomes de notre époque datent déjà d'un assez grand nombre d'années;

aucune ne relate les progrès qui, depuis un quart de siècle, ont élevé le niveau de l'économie rurale.

La plupart des utiles et intéressants travaux publiés de nos jours examinent certaines questions spéciales, ou se renferment dans les faits au jour le jour et tels qu'ils s'accomplissent; il faut être savant et habile agriculteur pour profiter, sans essais et sans tâtonnements trop coûteux et le plus souvent infructueux, des enseignements qu'ils donnent. Il y avait donc là un ouvrage utile à faire, une lacune à remplir : nous avons publié le LIVRE DE LA FERME ET DES MAISONS DE CAMPAGNE.

Le plan de l'ouvrage est aussi simple que logique; sa division et la méthode employée pour traiter chaque partie, rendent les recherches aisées ; l'enseignement y est donné d'une manière claire, précise, méthodique, qui en rend l'application toujours facile; des gravures intercalées dans le texte parlent à l'œil et complètent la pensée de l'auteur. Elles reproduisent les types, montrent les instruments aratoires, la disposition des cultures, et rendent ainsi les démonstrations écrites plus intelligibles et plus profitables.

La première partie traite plus spécialement de ce qui concerne la grande et la petite culture proprement dites. Après les notions indispensables sur la nature des terrains, la météorologie agricole et l'étude si importante des engrais, chaque genre de culture, chaque plante, alimentaire, fourragère ou industrielle, est l'objet d'une monographie complète, qui la suit dans toutes les phases de son développement et de ses emplois.

Le second livre s'occupe d'abord de la zootechnie, science nouvelle qui, née d'hier à peine, traite de l'économie du bétail, et fournit à l'éleveur des espèces chevaline, bovine, ovine, etc., etc., les données les plus vraies et les plus sûres pour améliorer les races et tirer des animaux domestiques le meilleur parti possible. L'hygiène des bestiaux et des notions sommaires sur le traitement de leurs affections les plus ordinaires complètent ce travail.

Puis arrivent successivement la question de la boucherie si heureusement dégagée des obscurités de l'empirisme, et les premiers chapitres de la zoologie qui comprennent l'éducation de la volaille, des lapins, des poissons, des abeilles, des vers à soie, et se terminent par l'étude des animaux et insectes nuisibles.

Ces questions si variées, si pleines d'attrait, justifient déjà d'une manière plus directe le titre de LIVRE DES MAISONS DE CAMPAGNE. Le poulailler, riche des variétés les plus rares, est aujourd'hui le complément presque indispensable et à coup sûr fort utile d'une maison de campagne; sa direction est l'occupation ordinaire des dames, qui aiment à voir voleter et à entendre caqueter autour d'elles la brillante population qui l'habite; le choix et la gravure des types a été l'objet de soins particuliers ; nous avons indiqué toutes les races qui peuvent encore venir facilement l'enrichir.

L'art si important du pépiniériste , la culture de la vigne et des arbres fruitiers, qui procure à la maîtresse de maison tant de ressources et de charmantes jouissances ; la culture des légumes, des plantes médicinales, des fleurs et des plantes d'ornement, les joies de la chasse et de la pêche, les recettes de la ménagère, la législation rurale, la comptabilité, toutes les questions en un mot, grandes ou petites, dont la connaissance est indispensable à tout possesseur d'une maison aux champs, ou qu'un homme du monde peut désirer apprendre, y trouveront la place qui leur est due.

La rédaction du livre est une œuvre collective ; son importance a déterminé les écrivains, les agronomes, les horticulteurs les plus distingués à lui accorder leur collaboration. Nous avons voulu, de notre côté, que l'exécution matérielle fût digne de sa valeur scientifique. L'ouvrage entier forme deux magnifiques volumes imprimés sur deux colonnes et contenant la matière de quatre volumes du même format. Le sommaire des grandes divisions de l'ouvrage fera mieux que tout ce que nous pourrions en dire, comprendre son importance et son utilité.

DIVISION DE L'OUVRAGE :

Le *Livre de la ferme et des maisons de campagne* comprendra quatre grandes divisions qui seront publiées dans l'ordre suivant :

LIVRE PREMIER. *Agriculture proprement dite.* — Qualités nécessaires au cultivateur et à la ménagère. Météorologie. Terrains. Engrais. Théorie et pratique des labours, hersages, roulages et binages. Bâtiments de la ferme. Assainissement des terres et défrichement. Assolements. Plantes cultivées. Culture de chacune d'elles, récolte, conservation des produits, emploi de ces produits et falsifications. Plantes nuisibles aux récoltes ; moyen d'en prévenir le retour et de s'en défaire.

LIVRE SECOND. *Zootechnie.* — Espèce chevaline. Espèces bovine, ovine et caprine. Boucherie. Laiterie. Espèce porcine. Éducation de la volaille. Éducation des lapins. Pisciculture. Apiculture. Sériciculture. Animaux sauvages et insectes nuisibles ou utiles aux cultivateurs.

LIVRE TROISIÈME. *Arboriculture et jardinage.* — Culture de la vigne. Œnologie. Arboriculture fruitière (culture du poirier, pommier, pêcher, prunier, cerisier, olivier, noyer, etc., etc.). — Arbres taillés et arbres de vergers. Conservation, transport et emploi des fruits. Sylviculture. Culture potagère. Culture des fleurs. Culture et emploi des plantes utilisées en médecine.

LIVRE QUATRIÈME. *Connaissances diverses.* — Hygiène des campagnes. Comptabilité rurale. Législation rurale. Cuisine des campagnes. Recettes pour la ménagère.

CORBEIL. — Typ. et stér. de CRÉTÉ.

Cours élémentaire théorique et pratique d'arbo[...]ture. 5e édition. 1 vol. grand in-18, publié en 2 parties, av[...]gnettes gravées sur acier, environ 900 figures intercalées dans [...] et de nombreux tableaux..............................

Instruction sur la conduite des arbres fruitiers. Gr[...] taille, — restauration des arbres mal taillés ou épuisés par la vie[...] — culture, — récolte et conservation des fruits. 4e édition. 1 vol. in-18, avec 191 fig.............................. 2

Manuel d'arboriculture des Ingénieurs. Plantations [...]gnement, forestières et d'ornement, boisement des dunes, des [...] haies vives des parcelles excédantes des chemins de fer. 1 vol. avec figures dans le texte..............................

ROSE-CHARMEUX. — **Culture du chasselas à Thomery.** [...] in-18, avec 41 figures..............................

MAUMENÉ (E. J.). — **Indications théoriques et prat[...]** sur le travail des vins, et en particulier des vins mousseux. [...] grand in-8, avec 100 figures dans le texte..............................

RENDU (Victor). — **Ampélographie française**, compren[...] statistique, la description des meilleurs cépages, l'analyse chim[...] du sol et les procédés de culture et de vinification des princ[...] vignobles de la France. Ouvrage publié sous les auspices de [...] Ministre de l'agriculture, 1 vol. de texte in-folio et un at[...] 70 planches magnifiquement coloriées..............................

— *Le même ouvrage.* 1 vol. grand in-8, avec une carte..........

GIRARDIN et DU BREUIL. — **Cours élémentaire d'agricult[...]** 2e édition. 2 vol. in-18, avec 1,000 figures dans le texte..........

Le Livre de la ferme et des maisons de campagne, [...] sous la direction de M. P. Joigneaux, avec la collaboration des [...]cipaux agronomes. 2 vol. in-8 jésus, imprimé sur deux colonnes, [...] figures intercalées dans le texte..............................

(*Voir le prospectus à la fin du volume.*)

JOIGNEAUX (P.). — **Conseils à la jeune fermière.** 2e éd[...] 1 vol. grand in-18, avec figures dans le texte..............................

TRACY (Victor de). — **Lettres sur la vie rurale.** 2e édi[...] 1 vol. in-18..............................

VARENNES (P. J. de). — **Veillées de la ferme du [...] Bride,** ou Entretiens sur l'agriculture, l'exploitation des [...] agricoles et l'arboriculture. 1 vol. in-12, cartonné, avec figures [...] le texte.............................. 1 [...]

Corbeil, typ. et stér. de Crété.

www.ingramcontent.com/pod-product-compliance
Ingram Content Group UK Ltd.
Pitfield, Milton Keynes, MK11 3LW, UK
UKHW020948180726
13838UKWH00003B/1206

9 782329 330310